"Dieses Heft hilft dir bei der Vorbereitung auf die Zentrale Prüfung."

Basiswissen
Im ersten Teil des Heftes findest du zunächst 14 Diagnosetests zum Basiswissen. Diese kannst du bearbeiten und selbst auswerten. Du erhältst dann Hinweise, welche Themen du zur Vorbereitung auf die Prüfung wiederholen solltest. Danach werden jeweils in einem Abschnitt die vier Bereiche Arithmetik/Algebra, Funktionen, Geometrie und Stochastik behandelt.

Argumentieren/Kommunizieren, Problemlösen, Modellieren, Werkzeuge
Im zweiten Teil des Heftes kannst du – unterstützt durch Beispiele – nachlesen, welche Bedeutung diese Kompetenzen für das Erfassen, Strukturieren und Lösen mathematischer Probleme haben. Zum Taschenrechner und zur Tabellenkalkulation findest du auch Übungen.

Aufgabensammlung zum ersten Prüfungsteil
In diesem Prüfungsteil geht es um Grundfertigkeiten und Grundvorstellungen, die in den Klassen 5 bis 10 erworben wurden. In der Aufgabensammlung findest du zehn Beispiele für einen ersten Prüfungsteil. Nähere Hinweise findest du auf Seite 85.

Aufgabensammlung zum zweiten Prüfungsteil
Dieser Prüfungsteil enthält umfangreiche Aufgaben. In jeder Aufgabe werden unterschiedliche mathematische Teilgebiete angesprochen. Die Aufgabensammlung enthält drei Aufgaben mit Hilfen und Lösungen. Hier kannst du den Lösungsweg nachvollziehen. Zu sechs weiteren Aufgaben gibt es Hilfen, die dich bei der Erstellung der Lösungen unterstützen sollen. Weitere zwölf Aufgaben kannst du dann ohne Hilfen lösen.
Ausführliche Hinweise zur Bearbeitung kannst du auf den Seiten 106/107 nachlesen.

"Die Lösungen zum Basiswissen und den Aufgabensammlungen enthält das eingelegte Lösungsheft."

Diagnosetest 1: Brüche und Dezimalzahlen

1 Schreibe als Bruch. Kürze, wenn möglich.

a) 0,1 = _____   b) 0,25 = _____   c) 0,2 = _____   d) 0,01 = _____   e) 1,5 = _____

0,5 = _____   0,75 = _____   0,6 = _____   0,03 = _____   2,5 = _____

2 Schreibe als Dezimalzahl.

a) $\frac{1}{10}$ = _____   b) $\frac{7}{100}$ = _____   c) $\frac{1}{5}$ = _____   d) $\frac{1}{20}$ = _____   e) $3\frac{1}{2}$ = _____

$\frac{3}{10}$ = _____ $\frac{17}{100}$ = _____ $\frac{4}{5}$ = _____ $\frac{11}{20}$ = _____ $1\frac{1}{4}$ = _____

3 Berechne.

a) $\frac{1}{2}$ von 120 km sind _____ km.   b) $\frac{2}{5}$ von 50 kg sind _____ kg.   c) $\frac{2}{3}$ von 90 cm² sind _____ cm².

$\frac{1}{4}$ von 200 m² sind _____ m². $\frac{3}{10}$ von 100 m sind _____ m. $\frac{5}{7}$ von 21 g sind _____ g.

d) $\frac{1}{2}$ von _____ € sind 15 €.   e) $\frac{1}{8}$ von _____ cm sind 5 cm.   f) _____ von 6 t sind 3 t.

$\frac{1}{4}$ von _____ min sind 4 min. $\frac{3}{4}$ von _____ m³ sind 9 m³.   _____ von 80 l sind 20 l.

4 Berechne. Kürze das Ergebnis, wenn möglich.

a) $\frac{4}{7} + \frac{2}{7}$ =   b) $\frac{3}{10} + \frac{2}{5}$ =   c) $\frac{3}{5} \cdot \frac{7}{8}$ =   d) $\frac{2}{5} : \frac{3}{4}$ =

$\frac{7}{11} + \frac{2}{11}$ = $\frac{5}{6} - \frac{2}{3}$ = $\frac{3}{4} \cdot \frac{2}{9}$ = $\frac{3}{8} : \frac{1}{2}$ =

$\frac{7}{9} - \frac{2}{9}$ = $\frac{11}{15} - \frac{2}{3}$ = $\frac{3}{10} \cdot \frac{7}{9}$ = $\frac{3}{5} : \frac{7}{10}$ =

5 Berechne.

a) 2,6 + 4,1 = _____   b) 4,8 – 2,9 = _____   c) 1,32 · 10 = _____   d) 8 · 0,7 = _____   e) 7,2 : 4 = _____

0,3 + 0,14 = _____   0,7 – 0,06 = _____   5,24 : 10 = _____   1,2 · 5 = _____   15 : 0,5 = _____

6 Ordne die Zahlen der Größe nach.

□ < □ < □ < □ < □ < □ < □ < □

Diagnosetest 2: Rationale Zahlen

1 Setze > oder < ein.

a) 11 ☐ −11   b) −14 ☐ −13   c) −19 ☐ −21   d) −3,8 ☐ −8,3   e) −5,01 ☐ −5,1

2 Ordne die Zahlen der Größe nach.

| −2 | −4,3 | 5 | −0,7 | −3,4 | 2 | 0,1 | −0,07 |

☐ < ☐ < ☐ < ☐ < ☐ < ☐ < ☐ < ☐

3 Berechne.

a) (−12) + (+7) = _____   b) (+11) − (+18) = _____   c) −13 − 15 = _____   d) 25 − 36 = _____

(+10) − (−5) = _____   (−12) − (−19) = _____   −20 + 14 = _____   −12 − 78 = _____

(−20) + (−9) = _____   (−15) − (+17) = _____   −11 + 24 = _____   32 − 40 = _____

4 Berechne.

a) (−12) · (−3) = _____   b) (−35) : (+7) = _____   c) −7 · (−8) = _____   d) −14 · 5 = _____

(−5) · (+9) = _____   (−72) : (−9) = _____   −32 : (−4) = _____   −11 · 8 = _____

(+7) · (−11) = _____   (+40) : (−8) = _____   36 : (−3) = _____   −42 : 6 = _____

5 Berechne.

a) −13 · 5 + 30 = _____   b) 4 · 12 − 6 · 11 = _____

−20 · 8 − 50 = _____   −56 : 7 − 5 · 15 = _____

−18 − 5 · 12 = _____   −80 : 5 + 72 : 8 = _____

6 Zu Beginn des Monats hat Frau Burghof auf ihrem Konto ein Guthaben von 1 349,92 €.
Am zweiten Tag des Monats werden vom Konto die Wohnungsmiete von 435 € sowie Energiekosten von 78,50 € abgebucht.
Danach überweist Frau Burghof den Betrag einer Rechnung über 234,73 € und hebt 400 € Bargeld von ihrem Konto ab.
Im Schuhgeschäft kauft sie für 275,95 € ein und bezahlt mit ihrer Bankkarte.
Zum Monatsende geht eine Gutschrift ihrer Hausratversicherung über 75,26 € ein.

Berechne den Kontostand am Ende des Monat.

Antwort: _____

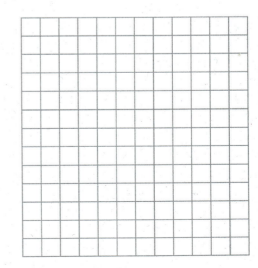

Diagnosetest 3: Terme und Gleichungen

1 Gib einen möglichst einfachen Term zur Bestimmung des Umfangs an.

a)

b)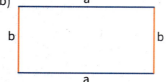

c)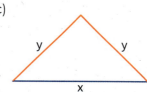

d)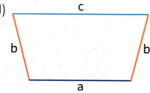

e)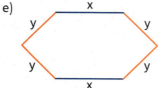

f)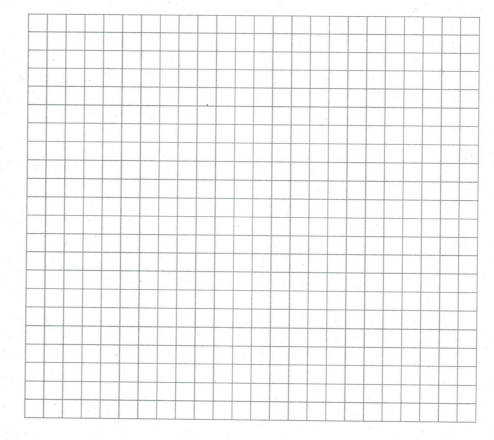

2 Vereinfache den Term.

a) 11a – 7a = _____

6b + 13b = _____

b) 2u + 7u – 3u = _____

4t – 3t + 15t = _____

c) 2 (x + 7) = _____

3 (y – 4) = _____

d) 6a – 7b + 4a – 3b + 2a = _____

11x + 8y – 9x – 4y + x = _____

e) 2 (u + v + 3) = _____

5 (a – b – 2) = _____

3 Bestimme die Lösung der Gleichung.

a) 7x + 11 = 67

x = _____

b) 6x – 3 = 2x + 17

x = _____

c) 12x – 19 = 7x + 21

x = _____

d) 4 (x + 3) = 2x + 18

x = _____

Diagnosetest 4: Potenzen und Wurzeln

1 Schreibe als Potenz.

a) $2 \cdot 2 \cdot 2 \cdot 2 \cdot 2 =$ _____

b) $5 \cdot 5 \cdot 5 \cdot 5 \cdot 5 \cdot 5 \cdot 5 \cdot 5 =$ _____

c) $a \cdot a \cdot a \cdot a \cdot a \cdot a =$ _____

d) $x \cdot x \cdot x \cdot x \cdot x \cdot x \cdot x \cdot x \cdot x \cdot x =$ _____

2 Berechne.

a) $5^2 =$ _____ $\quad$ b) $9^2 =$ _____ $\quad$ c) $11^2 =$ _____ $\quad$ d) $2^2 =$ _____ $\quad$ e) $0{,}1^2 =$ _____ $\quad$ f) $\left(\frac{1}{2}\right)^2 =$ _____

$7^2 =$ _____ $\quad\quad$ $6^2 =$ _____ $\quad\quad$ $12^2 =$ _____ $\quad\quad$ $4^3 =$ _____ $\quad\quad$ $0{,}3^2 =$ _____ $\quad\quad$ $\left(\frac{2}{5}\right)^2 =$ _____

3 Bestimme jeweils die Wurzel.

a) $\sqrt{4} =$ _____ $\quad$ b) $\sqrt{49} =$ _____ $\quad$ c) $\sqrt{0{,}04} =$ _____ $\quad$ d) $\sqrt{\frac{1}{9}} =$ _____ $\quad$ e) $\sqrt[3]{8} =$ _____

$\sqrt{25} =$ _____ $\quad\quad$ $\sqrt{81} =$ _____ $\quad\quad$ $\sqrt{0{,}16} =$ _____ $\quad\quad$ $\sqrt{\frac{1}{36}} =$ _____ $\quad\quad$ $\sqrt[3]{27}$ _____

4 Setze > oder < ein.

a) $\sqrt{5}\ \square\ 2$ $\quad$ b) $\sqrt{11}\ \square\ 4$ $\quad$ c) $\sqrt{30}\ \square\ 6$ $\quad$ d) $\sqrt{110}\ \square\ 10$

5 Ein Rechteck ist 75 cm lang und 12 cm breit. Ein Quadrat hat denselben Flächeninhalt wie das Rechteck. Bestimme die Seitenlänge des Quadrats.

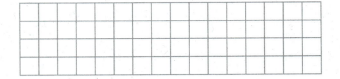

6 Berechne.

a) $10^3 =$ _____

$10^5 =$ _____

b) $10^{-2} =$ _____

$10^{-3} =$ _____

c) $2 \cdot 10^3 =$ _____

$7 \cdot 10^4 =$ _____

d) $9 \cdot 10^7 =$ _____

$5 \cdot 10^6 =$ _____

e) $4 \cdot 10^{-2} =$ _____

$6 \cdot 10^{-5} =$ _____

f) $1{,}1 \cdot 10^3 =$ _____

$3{,}5 \cdot 10^6 =$ _____

7 Schreibe die Maßzahl mithilfe einer Zehnerpotenz. Dabei soll der Faktor vor der Zehnerpotenz größer als 1 und kleiner als 10 sein.

a) Die Erde ist 4,6 Milliarden Jahre alt. _____

b) Grünes Licht hat eine Wellenlänge von 0,0005 mm. _____

8 Schreibe die Maßzahl ohne Zehnerpotenz.

a) Eine Kilowattstunde entspricht $3{,}6 \cdot 10^6$ Joule. _____

b) Das Stickstoffatom hat einen Radius von $8 \cdot 10^{-8}$ mm. _____

Auswertung der Diagnosetests

Kreuze deine richtigen Ergebnisse an.

Diagnosetest 1: Brüche und Dezimalzahlen

1. a) $\frac{1}{10}$ ☐ $\frac{1}{2}$ ☐   b) $\frac{1}{4}$ ☐ $\frac{3}{4}$ ☐   c) $\frac{1}{5}$ ☐ $\frac{3}{5}$ ☐   d) $\frac{1}{100}$ ☐ $\frac{3}{100}$ ☐   e) $\frac{3}{2}$ ☐ $\frac{5}{2}$ ☐

2. a) 0,1 ☐ 0,3 ☐   b) 0,07 ☐ 0,17 ☐   c) 0,2 ☐ 0,8 ☐   d) 0,05 ☐ 0,55 ☐
   e) 3,5 ☐ 1,25 ☐

3. a) 60 km ☐ 50 m² ☐   b) 20 kg ☐ 30 m ☐   c) 60 cm² ☐ 15 g ☐   d) 30 € ☐ 16 min ☐
   e) 40 cm ☐ 12 m³ ☐   f) $\frac{1}{2}$ ☐ $\frac{1}{4}$ ☐

4. a) $\frac{6}{7}$ ☐ $\frac{9}{11}$ ☐ $\frac{5}{9}$ ☐   b) $\frac{7}{10}$ ☐ $\frac{1}{6}$ ☐ $\frac{2}{15}$ ☐   c) $\frac{21}{40}$ ☐ $\frac{1}{6}$ ☐ $\frac{7}{30}$ ☐   d) $\frac{8}{15}$ ☐ $\frac{3}{4}$ ☐ $\frac{6}{7}$ ☐

5. a) 6,7 ☐ 0,44 ☐   b) 1,9 ☐ 0,64 ☐   c) 13,2 ☐ 0,524 ☐   d) 5,6 ☐ 6 ☐
   e) 1,8 ☐ 30 ☐

6. 1 < 1,7 < 1,9 < 1,95 < 2 < 2,02 < 2,1 < 2,22 ☐

Ich kann	Aufgabe	Ja	Nein	Hilfen und Aufgaben
Dezimalzahlen in Brüche und Brüche in Dezimalzahlen umwandeln.	1, 2	☐	☐	Seite 28
Bruchteile von Größen bestimmen.	3	☐	☐	Seite 27
mit Brüchen rechnen.	4	☐	☐	Seite 27
mit Dezimalzahlen rechnen.	5	☐	☐	Seite 29
Dezimalzahlen anordnen.	6	☐	☐	Seite 28

Diagnosetest 2: Rationale Zahlen

1. a) > ☐   b) < ☐   c) > ☐   d) > ☐   e) > ☐

2. a) −4,3 < −3,4 < −2 < −0,7 < −0,07 < 0,1 < 2 < 5 ☐

3. a) −5 ☐ 15 ☐ −29 ☐   b) −7 ☐ 7 ☐ −32 ☐   c) −28 ☐ −6 ☐ 13 ☐
   d) −11 ☐ −90 ☐ −8 ☐

4. a) 36 ☐ −45 ☐ −77 ☐   b) −5 ☐ 8 ☐ −5 ☐   c) 56 ☐ 8 ☐ −12 ☐
   d) −70 ☐ −88 ☐ −7 ☐

5. a) −35 ☐ −210 ☐ −78 ☐   b) −18 ☐ −83 ☐ −7 ☐

6. 1 €

Ich kann	Aufgabe	Ja	Nein	Hilfen und Aufgaben
rationale Zahlen anordnen.	1, 2	☐	☐	Seite 30
ganze Zahlen addieren und subtrahieren.	3	☐	☐	Seite 30
ganze Zahlen multiplizieren und dividieren.	4	☐	☐	Seite 30
die Regel „Punkt vor Strich" bei ganzen Zahlen anwenden.	5	☐	☐	Seite 30
einfache Sachaufgaben mit rationalen Zahlen lösen.	6	☐	☐	Seite 30

Auswertung der Diagnosetests

Kreuze deine richtigen Ergebnisse an.

Diagnosetest 3: Terme und Gleichungen

1. a) 4a ☐   b) 2a + 2b ☐   c) x + 2y ☐   d) a + 2b + c ☐   e) 2x + 4y ☐   f) 2u + v + 2w ☐

2. a) 4a ☐   19b ☐   b) 6u ☐   16t ☐   c) 2x + 14 ☐   3y – 12 ☐
   d) 12a – 10b ☐   3x + 4y ☐   e) 2u + 2v + 6 ☐   5a – 5b – 10 ☐

3. a) x = 8 ☐   b) x = 5 ☐   c) x = 8 ☐   d) x = 3 ☐

Ich kann	Aufgabe	Ja	Nein	Hilfen und Aufgaben
Terme aufstellen.	1	☐	☐	Seite 31
Terme vereinfachen.	2	☐	☐	Seite 31
lineare Gleichungen lösen.	3	☐	☐	Seite 32

Diagnosetest 4: Potenzen und Wurzeln

1. a) 2^5 ☐   b) 5^8 ☐   c) a^6 ☐   d) x^{10} ☐

2. a) 25 ☐   49 ☐   b) 81 ☐   36 ☐   c) 121 ☐   144 ☐   d) 8 ☐   64 ☐
   e) 0,01 ☐   0,09 ☐   f) $\frac{1}{4}$ ☐ $\frac{4}{25}$ ☐

3. a) 2 ☐   5 ☐   b) 7 ☐   9 ☐   c) 0,2 ☐   0,4 ☐   d) $\frac{1}{3}$ ☐ $\frac{1}{6}$ ☐   e) 2 ☐   3 ☐

4. a) > ☐   b) < ☐   c) < ☐   d) > ☐

5. a) 30 cm ☐

6. a) 1000 ☐   100 000 ☐   b) 0,01 ☐   0,001 ☐   c) 2000 ☐   70 000 ☐
   d) 90 000 000 ☐   5 000 000 ☐   e) 0,04 ☐   0,00006 ☐   f) 1100 ☐   3 500 000 ☐

7. a) $4,6 \cdot 10^9$ ☐   b) $5 \cdot 10^{-4}$ ☐

8. a) 3 600 000 ☐   b) 0,00000008

Ich kann	Aufgabe	Ja	Nein	Hilfen und Aufgaben
ein Produkt mit gleichen Faktoren als Potenz schreiben.	1	☐	☐	Seite 36
Potenzen mit positiven Exponenten berechnen.	2	☐	☐	Seite 36
Quadratwurzeln und dritte Wurzeln bestimmen.	3, 5	☐	☐	Seite 34
rationale und irrationale Zahlen vergleichen.	4	☐	☐	Seite 34
Zehnerpotenzen mit positiven und negativen Exponenten berechnen.	6, 8	☐	☐	Seite 36
große und kleine Zahlen mithilfe von Zehnerpotenzen schreiben.	7	☐	☐	Seite 36

Diagnosetest 5: Zuordnungen

1 Eine Gruppe Jugendlicher unternimmt eine Radtour. Der Verlauf der Fahrt wird in dem abgebildeten Diagramm dargestellt.

a) Welche Größen werden in dem Diagramm einander zugeordnet?

Antwort: _____

b) Beschreibe die Fahrt der Gruppe anhand des Diagramms.

_____

_____

_____

_____

2 Die folgenden Zuordnungen sind proportional. Berechne die fehlenden Werte.

a)
Masse (kg)	Preis (€)
2	3,40
4	____
10	____

b)
Anzahl	Preis (€)
6	9,60
2	____
3	____

c)
Anzahl	Preis (€)
5	2,40
____	____
7	____

3 Die folgenden Zuordnungen sind antiproportional. Berechne die fehlenden Werte.

a)
Anzahl	Zeitdauer (d)
2	12
4	____
8	____

b)
Länge (m)	Breite (m)
12	4,80
6	____
4	____

c)
Anzahl	Zeitdauer (d)
3	24
____	____
8	____

4 Lara legt mit ihrem Roller eine 36 km lange Strecke in 60 Minuten zurück. Wie weit fährt sie bei gleichem Tempo in 40 Minuten?

Antwort: _____

5 Eine Rolle Silberdraht wird in 25 gleichlange Stücke von 40 cm Länge zerschnitten. Wie viele Stücke erhältst du, wenn jedes Stück eine Länge von 50 cm hat?

Antwort: _____

6 Frau Vogt legt mit ihrem Auto eine Strecke von 200 km Länge in 1 h 40 min zurück. Wie lange benötigt sie bei gleicher Durchschnittsgeschwindigkeit für eine Strecke von 280 km?

Antwort: _____

Diagnosetest 6: Prozent- und Zinsrechnung

1 Berechne die fehlende Größe.

	Prozentsatz p %	Grundwert G	Prozentwert W
a)	30 %	50 €	
b)		90 m	18 m
c)	15 %		7,5 kg

2 Von 650 Schülerinnen und Schülern kommen 377 mit dem Bus zur Schule. Bestimme den Prozentsatz.

Antwort: _____

3 Nussnougatcreme enthält 55 % Zucker. Wie viel Gramm Zucker enthält ein 400-g-Glas?

Antwort: _____

4 Eine Packung Kartoffelchips enthält 13 % Fett. Das sind 24,7 g. Wie viel Gramm Kartoffelchips enthält die Packung?

Antwort: _____

5 Nach einer Preisermäßigung von 15 % kostet eine Jeans jetzt 63,75 €. Berechne den alten Preis.

Antwort: _____

6 Die Rechnung eines Elektrikers weist einschließlich der Mehrwertsteuer von 19 % einen Betrag von 340,34 € aus. Berechne die Mehrwertsteuer.

Antwort: _____

7 Für sein Sparguthaben erhält Mats 1,5 % Zinsen. Am Ende des Jahres werden ihm 11,70 € Zinsen gutgeschrieben. Wie viel Euro hat Mats am Anfang des Jahres angelegt?
Antwort: _____

8 Frau Dengel überzieht ihr Girokonto für zehn Tage um 960 €. Die Überziehungszinsen betragen 11,5 %. Wie viel Euro Zinsen berechnet die Bank?

Antwort: _____

9 Ein Kapital von 15 000 € wird zu einem Zinssatz von 2 % angelegt. Berechne das Kapital einschließlich Zinseszinsen nach sechs Jahren.

Antwort: _____

Diagnosetest 7: Lineare Funktionen

1 Zeichne die Graphen der angegebenen Funktionen in das Koordinatensystem.

f: y = − 0,5x   g: y = 0,5x + 2   h: y = x − 1

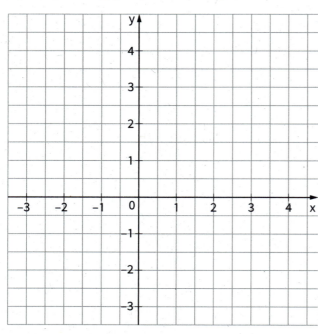

2 Ordne die Funktionsgleichungen den zugehörigen Graphen zu. Ergänze die Tabelle.

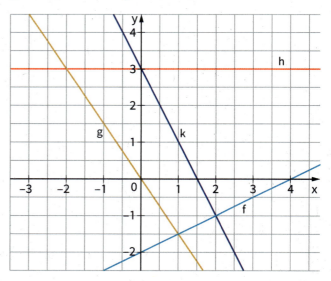

Gleichung	Graph	Gleichung	Graph
y = 3		y = −2x + 3	
y = 0,5x − 2		y = −1,5x	

3 Ein Wohnmobil kostet pro Tag 120 € Miete. Dazu kommt eine Grundgebühr von 150 € für Grundreinigung und Gas.
Gib die lineare Funktion an, die der Anzahl von Tagen x die Kosten y (in €) zuordnet.

Funktionsgleichung:

4 Eine 20 cm lange Kerze brennt pro Stunde um 4 cm herunter. Gib die lineare Funktion an, die der Brenndauer x (in h) die Kerzenlänge y (in cm) zuordnet.

Funktionsgleichung:

5 Die abgebildete Gerade modelliert einen Füllvorgang.

a) Welche Größen werden hier einander zugeordnet?

___

b) Welche Bedeutung hat der Schnittpunkt der Geraden mit der y-Achse für den Füllvorgang?

___

c) Welche Bedeutung hat die Steigung der Geraden für den Füllvorgang?

___

___

d) Gib die Funktionsgleichung der Geraden an.

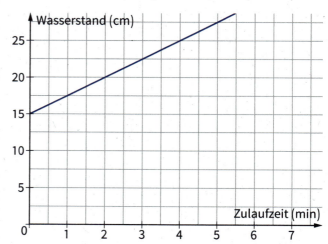

y = ___

Diagnosetest 8: Quadratische Funktionen und quadratische Gleichungen

1 Ordne den Funktionsgleichungen die zugehörigen Graphen zu.

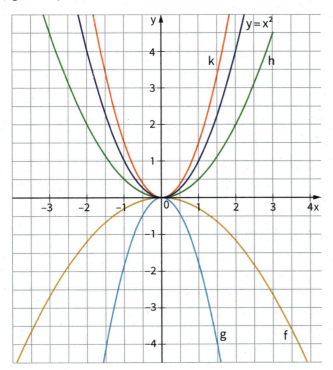

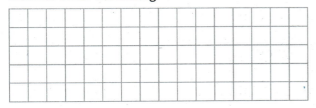

Gleichung	Graph	Gleichung	Graph
$y = 0{,}5x^2$		$y = -1{,}8x^2$	
$y = -0{,}3x^2$		$y = 1{,}5x^2$	

2 Das Haupttrageseil einer Brücke kann annähernd durch den Graphen der quadratischen Funktion $y = 0{,}01x^2$ beschrieben werden (x und y in m).
Die Fahrbahnoberfläche liegt 5 m unterhalb der x-Achse.

a) Vervollständige die Wertetabelle.

x	−40	−30	−20	−10	0	10	20	30	40
y									

b) Zeichne den Graphen der Funktion.

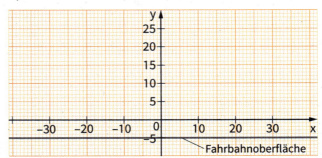

c) Bei der Darstellung im Koordinatensystem sollen die Brückenpfeiler bei −40 m und bei 40 m stehen. Bestimme die Höhe der Brückenpfeiler und den kürzesten Abstand des Haupttrageseils von der Fahrbahn.

Antwort: _____

3 Der Punkt P(x|2,7) liegt auf dem Graphen der quadratischen Funktion f mit der Funktionsgleichung $y = 1{,}2x^2$. Bestimme die x-Koordinate von P mithilfe einer Rechnung.

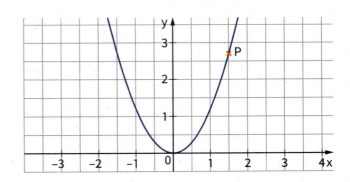

Antwort: _____

4 Gib die Lösungsmenge der quadratischen Gleichung an.

a) $3x^2 = 147$ b) $-0{,}2x^2 + 7{,}2 = 0$ b) $2{,}4x^2 - 11{,}8 = 1{,}5x^2 + 61{,}1$

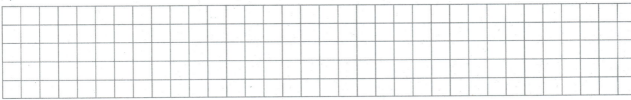

L = _____   L = _____   L = _____

Auswertung der Diagnosetests

Kreuze deine richtigen Ergebnisse an.

Diagnosetest 5: Zuordnungen

1. a) Der Zeit (in min) wird die Strecke (in km) zugeordnet. ☐
   b) Nach 40 min hat die Gruppe eine Strecke von 12 km zurückgelegt, macht dann 10 min Pause, legt dann in 60 min eine Strecke von 15 km zurück. ☐
2. a) (4; 6,80), (10; 17,00) ☐
   b) (2; 3,20), (3; 4,80) ☐
   c) (1; 0,48), (7; 3,36) ☐
3. a) (4; 6), (8; 3) ☐
   b) (6; 9,60), (4; 14,40) ☐
   c) (1; 72), (8; 9) ☐
4. In 40 min legt sie 24 km zurück. ☐
5. Bei einer Länge von 50 cm pro Stück erhält man 20 Stücke. ☐
6. Für eine Strecke von 280 km benötigt sie 2 h 20 min. ☐

Ich kann	Aufgabe	Ja	Nein	Hilfen und Aufgaben
Zuordnungen mit eigenen Worten, in Wertetabellen, als Graphen und in Termen darstellen.	1, 4, 5, 6	☐	☐	Seite 37, 38
Graphen von Zuordnungen interpretieren.	1	☐	☐	Seite 37, 38
proportionale und antiproportionale Zuordnungen in Tabellen, Termen und Realsituationen identifizieren.	4, 5, 6	☐	☐	Seite 39, 40
die Eigenschaften von proportionalen und antiproportionalen Zuordnungen sowie einfache Dreisatzverfahren zur Lösung von Problemstellungen anwenden.	2 – 6	☐	☐	Seite 39, 40

Diagnosetest 6: Prozent- und Zinsrechnung

1. a) W = 15 € ☐
   b) p % = 20 % ☐
   c) G = 50 kg ☐
2. p % = 58 % ☐
3. W = 220 g ☐
4. G = 190 g ☐
5. Der alte Preis beträgt 75 €. ☐
6. Die Mehrwertsteuer beträgt 54,34 €. ☐
7. Mats hat 780 € angelegt. ☐
8. Die Zinsen betragen rund 3,07 €. ☐
9. $K_6 \approx 16\,892{,}44$ €. ☐

Ich kann	Aufgabe	Ja	Nein	Hilfen und Aufgaben
Prozentwert, Grundwert und Prozentsatz berechnen.	1	☐	☐	Seite 41
bei einer Sachaufgabe Prozentwert, Grundwert und Prozentsatz erkennen und die Aufgabe lösen.	2, 3, 4	☐	☐	Seite 41
Sachaufgaben zu prozentualen Veränderungen lösen.	5, 6	☐	☐	Seite 42
einfache Sachaufgaben zur Zinsrechnung lösen.	7	☐	☐	Seite 43
Tageszinsen berechnen.	8	☐	☐	Seite 43
die Formel zur Zinseszinsrechnung anwenden.	9	☐	☐	Seite 43

Auswertung der Diagnosetests

Kreuze deine richtigen Ergebnisse an.

Diagnosetest 7: Lineare Funktionen

1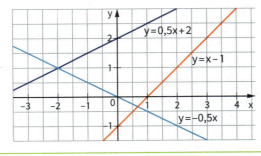

2 f: y = 0,5x − 2 ☐ g: y = −1,5x ☐
 h: y = 3 ☐ k: y = −2x + 3 ☐
3 y = 120x + 150 ☐
4 y = −4x + 20 ☐
5 a) Zulaufzeit (min) → Wasserstand (cm) ☐
 b) Wasserstand zu Beginn des Füllvorgangs ☐
 c) Anstieg des Wasserstands pro min ☐
 d) y = 2,5x + 15 ☐

Ich kann	Aufgabe	Ja	Nein	Hilfen und Aufgaben
zu der Funktionsgleichung einer linearen Funktion die zugehörige Gerade zeichnen.	1	☐	☐	Seite 44, 45
zu einer Geraden die zugehörige Funktionsgleichung angeben.	2	☐	☐	Seite 44, 45
Sachsituationen durch lineare Funktionen modellieren.	3, 4	☐	☐	Seite 46, 47
zu einer vorgegebenen Geraden die zugehörige Realsituation richtig beschreiben	5 a, b, c	☐	☐	Seite 46, 47
zu einer Geraden die Funktionsgleichung bestimmen.	5 d	☐	☐	Seite 44, 45

Diagnosetest 8: Quadratische Funktionen und quadratische Gleichungen

1
Gleichung	Graph	Gleichung	Graph
$y = -0,5x^2$	h	$y = -1,8x^2$	g
$y = -0,3x^2$	f	$y = 1,5x^2$	k
☐

2 a)
x	−40	−30	−20	−10	0	10	20	30	40
y	16	9	4	1	0	1	4	9	16
☐

b) ☐

c) Die Brückenpfeiler sind 21 m hoch, der kürzeste Abstand des Haupttrageseils zur Fahrbahn beträgt 5 m. ☐

3 Die x-Koordinate von P beträgt 1,5. ☐
 Es gibt noch eine zweite Lösung P′(−1,5 | 2,7). ☐

4 a) L = {−7, 7} ☐
 b) L = {−6, 6} ☐
 c) L = {−9, 9} ☐

Ich kann	Aufgabe	Ja	Nein	Hilfen und Aufgaben
Graphen quadratischer Funktionen die zugehörigen Funktionsgleichungen zuordnen.	1	☐	☐	Seite 48
Realsituationen mithilfe quadratischer Funktionen modellieren.	2	☐	☐	Seite 48, 49
Sachprobleme mithilfe quadratischer Funktionen lösen.	3	☐	☐	Seite 48, 49
die Lösungsmenge einer quadratischen Gleichung bestimmen.	4	☐	☐	Seite 48

Diagnosetest 9: Ebene Figuren

1 Berechne den Flächeninhalt und den Umfang der ebenen Figur. Entnimm die dafür notwendigen Längen der Zeichnung. Ergänze die Tabelle.

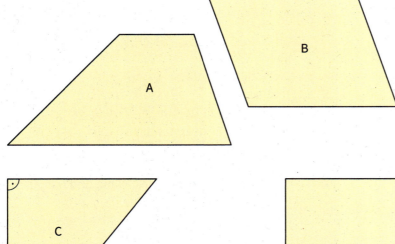
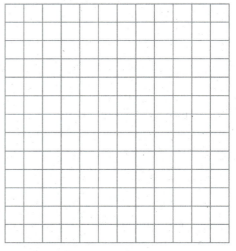
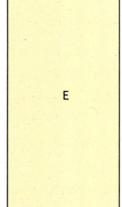

Figur	Flächen-inhalt A	Umfang u
A		
B		
C		
D		
E		

2 Bestimme den Flächeninhalt der Figur. Zeichne, falls notwendig, Hilfslinien ein.

a)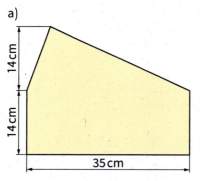

b)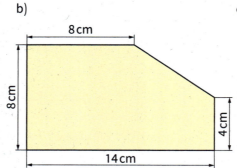

c)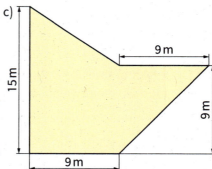

A = _____ A = _____ A = _____

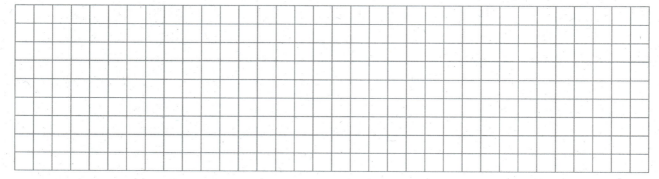

Diagnosetest 10: Kreis und Kreisteile

Flächeninhalt = cm²
Umfang = cm

1 Berechne den Umfang und den Inhalt der farbigen Fläche. Runde dein Ergebnis auf zwei Stellen nach dem Komma.

a) r = 3,4 cm

b) d = 8,6 cm

u ≈ 36.32 cm²
A ≈ 21.36 cm

u ≈ 27.02 cm
A ≈ 58.01 cm²

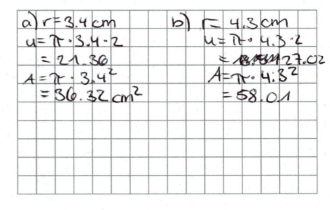

a) r = 3.4 cm
u = π · 3.4 · 2
= 21.36
A = π · 3.4²
= 36.32 cm²

b) r = 4.3 cm
u = π · 4.3 · 2
= 27.02
A = π · 4.3²
= 58.01

2 Berechne den Umfang und den Flächeninhalt der Figur. Runde dein Ergebnis auf zwei Stellen nach dem Komma.

a) 7,2 m

b) 40 m, 10 m

r = 3.6 m
u = π · d
u = π · 7.2
= 22.62 cm

u ≈ _____ A ≈ _____

u ≈ _____ A ≈ _____

3 Berechne den Inhalt der gefärbten Fläche. Runde dein Ergebnis auf zwei Stellen nach dem Komma.

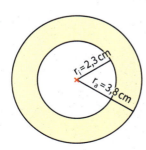

$r_i = 2,3$ cm, $r_a = 3,8$ cm

A ≈ _____

Diagnosetest 11: Körper

1 Berechne das Volumen des Körpers.

a)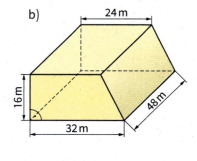

V = _____

b)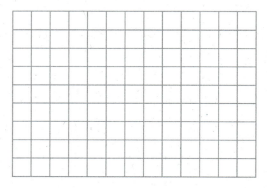

V = _____

2 Berechne das Volumen und den Oberflächeninhalt des abgebildeten Körpers.

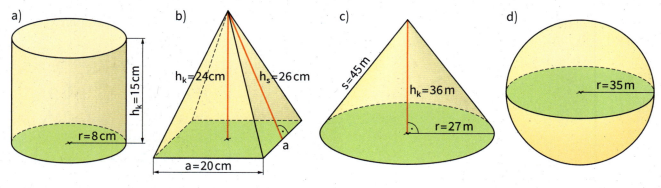

V ≈ _____   V = _____   V ≈ _____   V ≈ _____

O ≈ _____   O = _____   O ≈ _____   O ≈ _____

3 Bestimme das Volumen und den Oberflächeninhalt des Körpers.

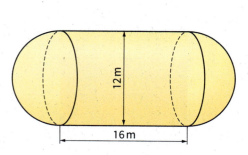
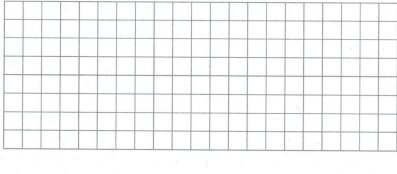

V ≈ _____   O ≈ _____

Diagnosetest 12: Satz des Pythagoras

1 Das abgebildete Dreieck ist rechtwinklig. Markiere zunächst die Lage des rechten Winkels durch einen Winkelbogen. Formuliere anschließend für das Dreieck den Satz des Pythagoras als Gleichung.

a)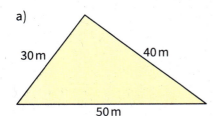

b)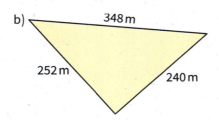

c)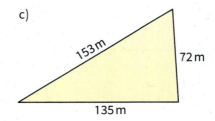

_____   _____   _____

2 Berechne die Länge der farbig markierten Seite in dem Dreieck ABC.

a)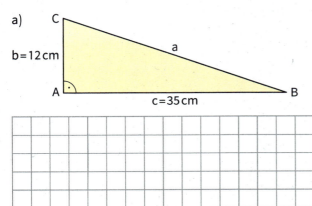

b)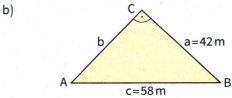

a = _____   b = _____

3 Berechne die fehlende Seitenlänge in dem Dreieck ABC. Fertige eine Planfigur an.

a) $b = 57{,}6$ cm; $c = 24{,}0$ cm; $\alpha = 90°$

b) $a = 48{,}0$ cm; $c = 69{,}6$ cm; $\gamma = 90°$

a = _____   b = _____

4 Der Fuß einer Leiter steht 1,80 m von einer Hauswand entfernt auf dem Erdboden. Die Leiter soll eine 5,25 m hoch gelegene Regenrinne erreichen. Wie lang muss die Leiter sein?

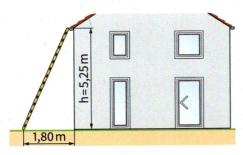

Antwort: _____

Auswertung der Diagnosetests

Kreuze deine richtigen Ergebnisse an.

Diagnosetest 9: Ebene Figuren

1. Figur A: A = 12 cm² ☐   u = 15,3 cm ☐   Figur B: A = 8 cm² ☐   u ≈ 14,4 cm ☐
   Figur C: A = 10 cm² ☐   u = 15,4 cm ☐   Figur D: A = 9 cm² ☐   u = 12 cm ☐
   Figur E: A = 18 cm² ☐   u = 18 cm ☐

2. A = 735 cm² ☐   b) A = 100 cm² ☐   c) A = 148 m² ☐

Ich kann	Aufgabe	Ja	Nein	Hilfen und Aufgaben
den Flächeninhalt einer ebenen Figur bestimmen.	1	☐	☐	Seite 50, 51
den Umfang einer ebenen Figur bestimmen.	1	☐	☐	Seite 50, 51
den Flächeninhalt einer zusammengesetzten Figur berechnen.	2	☐	☐	Seite 52

Diagnosetest 10: Kreis und Kreisteile

1. a) u ≈ 21,36 m ☐   A ≈ 36,32 cm² ☐   b) u ≈ 27,02 cm ☐   A ≈ 58,09 cm² ☐
2. a) u ≈ 18,51 m ☐   A ≈ 20,36 m² ☐   b) u ≈ 122,83 m ☐   A ≈ 1028,32 m² ☐
3. a) A ≈ 28,75 cm² ☐

Ich kann	Aufgabe	Ja	Nein	Hilfen und Aufgaben
den Umfang und den Flächeninhalt eines Kreises bestimmen.	1 a	☐	☐	Seite 53
den Umfang und den Flächeninhalt eines Kreisteils berechnen.	1 b	☐	☐	Seite 53
den Flächeninhalt und den Umfang einer Kreisfigur bestimmen.	2	☐	☐	Seite 53
den Flächeninhalt eines Kreisrings berechnen.	3	☐	☐	Seite 53

Auswertung der Diagnosetests

Kreuze deine richtigen Ergebnisse an.

Diagnosetest 11: Körper

1. a) $V = 672\ m^3$ ☐   b) $V = 21\,504\ m^3$ ☐

2. a) $V \approx 3016\ cm^3$ ☐ $O \approx 1156\ cm^2$ ☐   b) $V = 3200\ cm^3$ ☐ $O = 1440\ cm^2$ ☐
   c) $V \approx 27\,483\ m^3$ ☐ $O \approx 6107\ m^2$ ☐   d) $V \approx 179\,594\ m^3$ ☐ $O \approx 15\,394\ m^2$ ☐

3. a) $V \approx 2714,34\ m^3$ ☐ $O \approx 1055,58\ m^2$ ☐

Ich kann	Aufgabe	Ja	Nein	Hilfen und Aufgaben
das Volumen eines Prismas berechnen.	1	☐	☐	Seite 54, 55
jeweils das Volumen und den Oberflächeninhalt eines Zylinders, einer Pyramide und eines Kegels bestimmen.	2	☐	☐	Seite 56 – 58
das Volumen und den Oberflächeninhalt eines zusammengesetzten Körpers berechnen.	3	☐	☐	Seite 58

Diagnosetest 12: Satz des Pythagoras

1. a) $30^2 + 40^2 = 50^2$ ☐   b) $252^2 + 240^2 = 348^2$ ☐   c) $135^2 + 72^2 = 153^2$ ☐

2. a) $a = 37\ cm$ ☐   b) $b = 40\ m$ ☐

3. a) Planfigur: 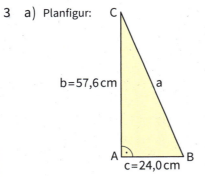   b) Planfigur: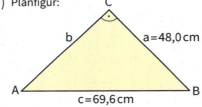

   a = 62,4 cm ☐   b = 50,4 cm ☐

4. Länge der Leiter: 5,55 m ☐

Ich kann	Aufgabe	Ja	Nein	Hilfen und Aufgaben
für ein rechtwinkliges Dreieck den Satz des Pythagoras als Gleichung formulieren.	1	☐	☐	Seite 60
in einem rechtwinkligen Dreieck fehlende Seitenlängen bestimmen.	2, 3	☐	☐	Seite 60
Sachaufgaben mithilfe des Satzes des Pythagoras lösen.	4	☐	☐	Seite 60

Diagnosetest 13: Statistik

1 Schülerinnen und Schüler einer Klasse wurden nach der Anzahl ihrer Geschwister befragt. Die erfragten Daten wurden zunächst in einer Urliste festgehalten.

Urliste
```
1 3 0 1 2 0 0 1 0 1
3 5 1 0 2 1 1 2 1 0
2 3 2 0 1
```

a) Ordne die Daten mithilfe einer Strichliste und erstelle eine Häufigkeitstabelle mit absoluten und relativen Häufigkeiten.

b) Zeichne ein Säulendiagramm.

Strichliste

0	
1	
2	
3	
4	
5	

Häufigkeitstabelle

Anzahl Geschwister	absolute Häufigkeit	relative Häufigkeit		
		Bruch	Dezimalzahl	Prozent
0				
1				
2				
3				
4				
5				
Summe				

2 Die Ergebnisse einer Klassensprecherwahl sind in einem Kreisdiagramm veranschaulicht worden. Insgesamt waren 30 Schülerinnen und Schüler stimmberechtigt.
a) Wie viele Stimmen sind auf die einzelnen Kandidaten entfallen?

Pia: _____ Kim: _____ Lara: _____

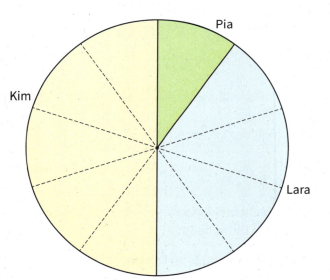

b) Trifft die folgende Aussage zu? „Lara hat mehr als ein Drittel der Stimmen bekommen".

Ja ◯   Nein ◯

Begründung: _____

_____

Diagnosetest 13: Statistik

3 Die Schüler und Schülerinnen der Gesamtschulen Waldhof und Heinemann wurden gefragt, wie oft sie ihren Computer nutzen, um für die Schule zu arbeiten.

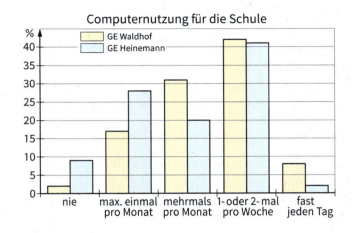

a) Wie viel Prozent der Schülerinnen und Schüler der Gesamtschule Waldhof arbeiten fast jeden Tag mit dem Computer?

b) Beurteile die folgende Aussage:
„An der Gesamtschule Waldhof wird häufiger mit dem Computer gearbeitet als an der Gesamtschule Heinemann".

4 In einer Information an die Mitarbeiter stellt ein Unternehmen die guten Umsätze mit einem Säulendiagramm dar.
Beurteile die Darstellung im Diagramm.
Kommentiere die Überschrift.

5 Bei einem Sportwettkampf hat Klara die folgenden Ergebnisse beim Weitsprung erreicht:

2,90 m   3,14 m   0,00 m   3,08 m   3,02 m   2,96 m

a) Berechne das arithmetische Mittel $\bar{x}$ und den Median $\tilde{x}$.

$\bar{x}$ = _____ $\tilde{x}$ = _____

b) Welcher der beiden Mittelwerte gibt ihre Leistung besser wieder?

Begründe: _____

c) Gib Minimum, Maximum und Spannweite der Weitsprungergebnisse an.

Minimum: _____   Maximum: _____

Spannweite: _____

Diagnosetest 14: Zufallsexperimente

1 Wie groß ist die Wahrscheinlichkeit, mit einem Sechserwürfel eine Drei zu würfeln?   P (3) = _____

2 In einer Arbeitsgruppe mit 2 Jungen und 3 Mädchen wird eine Person zufällig ausgewählt, um die Arbeitsergebnisse zu präsentieren.
Wie groß ist die Wahrscheinlichkeit, dass ein Junge ausgelost wird?   _____

3 Bei den abgebildeten Glücksrädern hat man gewonnen, wenn der Zeiger auf ein gelbes Feld zeigt. Bestimme jeweils die Wahrscheinlichkeit für einen Gewinn. Gib das Ergebnis als Bruch, Dezimalzahl und in Prozent an.

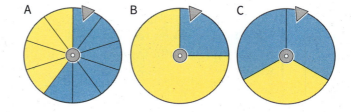

Rad A: _____   Rad B: _____   Rad C: _____

4 In einer Urne befinden sich 50 gleichartige Kugeln, die weiß, schwarz oder rot gefärbt sind. Die Wahrscheinlichkeit, dass eine weiße Kugel gezogen wird, beträgt 20 %, die Wahrscheinlichkeit, dass eine schwarze Kugel gezogen wird, beträgt 48 % und für Rot beträgt die Wahrscheinlichkeit 32 %. Wie viele Kugeln der jeweiligen Farbe sind in der Urne?

weiß: _____   schwarz: _____   rot: _____

5 In einer Lostrommel befinden sich 1 Hauptgewinn, 5 große Gewinne, 10 kleine Gewinne und 24 Nieten. Berechne die Wahrscheinlichkeit für das Ergebnis als Bruch und in Prozent.

Der Hauptgewinn wird gezogen.   P (Hauptgewinn) = _____

Ein großer Gewinn wird gezogen.   P (großer Gewinn) = _____

Ein kleiner Gewinn wird gezogen.   P (kleiner Gewinn) = _____

Es wird eine Niete gezogen.   P (Niete) = _____

6 Bei einem Zufallsexperiment wurde ein Legostein 500-mal geworfen. Dabei wurde notiert, auf welche Seite er fällt. Welche Wahrscheinlichkeit vermutest du für jede Lage des Spielsteins? Gib die Wahrscheinlichkeit in Prozent an.

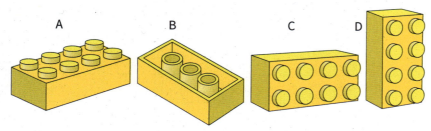

P (A) = _____
P (B) = _____
P (C) = _____
P (D) = _____

absolute Häufigkeiten:

A: 224   B: 176   C: 91   D: 9

Diagnosetest 14: Zufallsexperimente

7 In einer Urne befinden sich 24 gleichartige Kugeln, die die Zahlen von 1 bis 24 tragen. Eine Kugel wird gezogen und die gezogene Zahl wird notiert. Gib die Ereignisse jeweils als Menge an und berechne ihre Wahrscheinlichkeit.

E_1: Die Zahl ist kleiner als 4.
E_1 = { } $P(E_1)$ = _____

E_2: Die Zahl ist durch 4 teilbar.
E_2 = { } $P(E_2)$ = _____

E_3: Die Zahl ist gerade.
E_3 = { } $P(E_3)$ = _____

8 Das abgebildete Glücksrad wird einmal gedreht. Die angezeigte Zahl wird notiert.
a) Gib die Ergebnismenge S an.
S = { }

b) Gib die folgenden Ereignisse jeweils als Teilmenge von S an und berechne ihre Wahrscheinlichkeit.

E_1: Die Zahl ist kleiner als 3.
E_1 = { } $P(E_1)$ = _____

E_2: Die Zahl ist durch 2 teilbar.
E_2 = { } $P(E_2)$ = _____

E_3: Die Zahl ist ungerade.
E_3 = { } $P(E_3)$ = _____

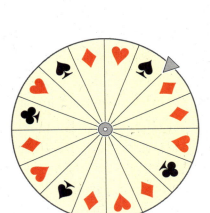

9 Das abgebildete Glücksrad wird einmal gedreht. Berechne die Wahrscheinlichkeit für das folgende Ereignis:

E_1: Das Symbol ist rot. $P(E_1)$ = _____

E_2: Das Symbol ist nicht „Herz". $P(E_2)$ = _____

E_3: Das Symbol ist grün. $P(E_3)$ = _____

10 30 Schüler und Schülerinnen einer zehnten Klasse wurden gefragt, wie viel Taschengeld sie im Monat erhalten. Fünf Personen gaben an, dass sie über 50 € erhalten, 12 bekamen 50 €, 7 Schülerinnen und Schüler erhielten 40 € und der Rest musste mit 30 € auskommen. Eine zufällig ausgewählte Person wird nach der Höhe des Taschengeldes gefragt. Wie hoch ist die Wahrscheinlichkeit für das folgende Ereignis?

E_1: Der Taschengeldbetrag ist größer als 40 €. $P(E_1)$ = _____

E_2: Die Person erhält mindestens 40 € Taschengeld. $P(E_2)$ = _____

E_3: Das Taschengeld beträgt mindestens 30 €. $P(E_3)$ = _____

Auswertung der Diagnosetests

Kreuze deine richtigen Ergebnisse an.

Diagnosetest 13: Statistik

1 a) Strichliste

0	⊪⊪ II
1	⊪⊪ IIII
2	⊪⊪
3	III
4	
5	I

Häufigkeitstabelle

Anzahl Geschwister	absolute Häufigkeit	relative Häufigkeit		
		Bruch	Dezimalzahl	Prozent
0	7	$\frac{7}{25}$	0,28	28 %
1	9	$\frac{9}{25}$	0,36	36 %
2	5	$\frac{5}{25}$	0,20	20 %
3	3	$\frac{3}{25}$	0,12	12 %
4	0	$\frac{0}{25}$	0	0 %
5	1	$\frac{1}{25}$	0,04	4 %
Summe	25	$\frac{25}{25}$	1,00	100 %

b) Säulendiagramm

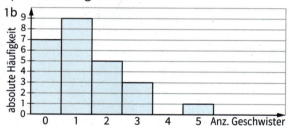

2 a) Pia: 3; Lara: 12; Kim: 15   b) Ja; Begründung: 40 % > $\frac{1}{3}$

3 a) 8 %

b) Die Aussage ist richtig, da die Säulen im Diagramm bei „fast jeden Tag", „mehrmals pro Woche" und „mehrmals pro Monat" höher sind.

4 Der dargestellte Umsatz beginnt bei 11 400 000 € und nicht bei 0 €. Das Diagramm täuscht vor, dass der Umsatz von 2005 bis 2009 mehr als verdoppelt wurde. In Wirklichkeit sind die Steigerungen wesentlich geringer.

5 a) $\bar{x} = 2,51\overline{6}$ m $\tilde{x} = 2,99$ m

b) der Median; Begründung: Beim Median fällt der Fehlsprung nicht ins Gewicht.

c) Min: 0,00 m; Max: 3,14 m; Spannweite: 3,14 m

Ich kann	Aufgabe	Ja	Nein	Hilfen und Aufgaben
Häufigkeitstabellen mithilfe von Ur- und Strichlisten erstellen und die dazu notwendigen relativen Häufigkeiten berechnen.	1	☐	☐	Seite 61
Säulendiagramme anfertigen.	1	☐	☐	Seite 62
Diagramme lesen und deuten.	2, 3, 4	☐	☐	Seite 62, 63
die Mittelwerte arithmetisches Mittel und Median berechnen und richtig deuten.	5	☐	☐	Seite 64
Minimum, Maximum und Spannweite bestimmen.	5	☐	☐	Seite 64

Auswertung der Diagnosetests

Kreuze deine richtigen Ergebnisse an.

Diagnosetest 14: Zufallsexperimente

1. $\frac{1}{6}$ ☐

2. $\frac{2}{5}$ ☐

3. Rad A: $\frac{4}{10}$; 0,4; 40 %; Rad B: $\frac{3}{4}$; 0,75; 75 %; Rad C: $\frac{1}{3}$; $0,\overline{3}$; $33,\overline{3}$ % ☐

4. weiß: 10 Kugeln; schwarz: 24 Kugeln; rot: 16 Kugeln ☐

5. P(Hauptgewinn) = $\frac{1}{40}$ = 2,5 %; P(gr. Gewinn) = $\frac{5}{40}$ = 12,5 % ☐
   P(kl. Gewinn) = $\frac{10}{40}$ = 25 %; P(Niete) = $\frac{24}{40}$ = 60 % ☐

6. Lage A: 44,8 %; Lage B: 35,2 %; Lage C: 18,2 %; Lage D: 1,8 % ☐

7. $E_1 = \{1, 2, 3\}$ $P(E_1) = \frac{1}{8}$; $E_2 = \{4, 8, 12, 16, 20, 24\}$ $P(E_2) = \frac{1}{4}$;
   $E_3 = \{2, 4, 6, 8, 10, 12, 14, 16, 18, 20, 22, 24\}$ $P(E_3) = \frac{1}{2}$; ☐

8. a) $S = \{1, 2, 3, 4\}$ ☐
   b) $E_1 = \{1, 2\}$ $P(E_1) = \frac{5}{8}$; $E_2 = \{2, 4\}$ $P(E_2) = \frac{1}{2}$; $E_3 = \{1, 3\}$ $P(E_3) = \frac{1}{2}$ ☐

9. $P(E_1) = \frac{11}{16}$ ☐ $P(E_2) = \frac{11}{16}$ ☐ $P(E_3) = 0$ ☐

10. $P(E_1) = \frac{17}{30}$ ☐ $P(E_2) = \frac{24}{30}$ ☐ $P(E_3) = 1$ ☐

Ich kann	Aufgabe	Ja	Nein	Hilfen und Aufgaben
die Wahrscheinlichkeiten bei Zufallsversuchen berechnen.	1–10	☐	☐	Seite 66
bei einem Urnenexperiment die Anzahl der Kugeln mithilfe der Wahrscheinlichkeit bestimmen.	4	☐	☐	Seite 67
die Wahrscheinlichkeiten bei Zufallsversuchen mithilfe der relativen Häufigkeiten berechnen.	6	☐	☐	Seite 66
die Ergebnismenge bei einem Zufallsversuch angeben.	8	☐	☐	Seite 67
die Ereignismengen bei einem Zufallsversuch angeben.	7, 8	☐	☐	Seite 67
die Wahrscheinlichkeiten von Ereignissen berechnen.	7–10	☐	☐	Seite 67

Größen

Größen

$\underbrace{56}_{\text{Maßzahl}} \underbrace{\text{m}}_{\text{Einheit}}$ Eine Größe besteht aus einer Maßzahl und einer Maßeinheit.
$\underbrace{\phantom{56\ \text{m}}}_{\text{Größe}}$

Längeneinheiten

Die Umrechnungszahl ist 10.
Kilometer, Meter, Dezimeter, Zentimeter, Millimeter
1 km = 1000 m
  1 m = 10 dm
    1 dm = 10 cm
      1 cm = 10 mm

Flächeneinheiten

Die Umrechnungszahl ist 100.
Quadratkilometer, Hektar, Ar, Quadratmeter, Quadratdezimeter, Quadratzentimeter, Quadratmillimeter
1 km² = 100 ha
  1 ha = 100 a
    1 a = 100 m²
      1 m² = 100 dm²
        1 dm² = 100 cm²
          1 cm² = 100 mm²

Raumeinheiten

Die Umrechnungszahl ist 1000.
Kubikmeter, Kubikdezimeter, Kubikzentimeter, Kubikmillimeter, Liter, Milliliter
1 m³ = 1000 dm³
  1 dm³ = 1000 cm³
    1 cm³ = 1000 mm³
1 l = 1000 ml = 1 dm³
  1 ml = 1 cm³

Masseeinheiten

Die Umrechnungszahl ist 1000.
Tonne, Kilogramm, Gramm, Milligramm
1 t = 1000 kg
  1 kg = 1000 g
    1 g = 1000 mg

Zeiteinheiten

Jahr, Tag, Stunde, Minute, Sekunde
1 a = 365 d
  1 d = 24 h
    1 h = 60 min
      1 min = 60 s

1 Gib in der Einheit an, die in Klammern steht.
a) 8 m (cm)   b) 6 km (m)   c) 9000 m (km)
   3,21 m (cm)   500 cm (m)   500 m (km)

2 Berechne. Gib das Ergebnis in Metern an.

3,50 m + 80 cm = 3,50 m + 0,80 m = 4,30 m

a) 2,12 m + 78 cm   b) 6 km – 1,5 km – 3,9 km
   3,50 m – 95 cm   2 km + 500 m + 350 m

3 Schreibe in der größeren genannten Einheit.

5 m 45 cm = 5,45 m   4 m 3 cm = 4,03 m

a) 7 m 67 cm   b) 4 km 800 m   c) 3 cm 5 mm
   1 m 9 cm   1 km 240 m   11 cm 1 m

4 Wandle in die Einheit um, die in Klammern steht.

34 600 cm² = 3,46 m²   2,5 m² = 25 000 cm²

a) 50 000 cm² (m²)   b) 1,5 m² (cm²)   c) 4 ha (m²)
   41 500 cm² (m²)   0,65 m² (cm²)   0,5 ha (m²)

5 Berechne. Gib das Ergebnis in Quadratmetern an.

25 cm · 1,20 m = 0,25 m · 1,20 m = 0,3 m²

a) 6 m · 2,5 m   b) 75 cm · 12 cm   c) 0,2 km · 450 m
   9 m · 0,5 m   32 cm · 1,50 m   1,5 km · 800 m

6 Wandle in die Einheit um, die in Klammern steht.

0,3 m³ = 300 dm³   4700 dm³ = 4,7 m³

a) 3 m³ (dm³)   b) 2000 dm³ (m³)   c) 4,2 dm³ (cm³)
   0,5 m³ (dm³)   3700 dm³ (m³)   200 cm³ (dm³)

7 Wandle in Liter um.

5 dm³ = 5 l   6000 cm³ = 6 dm³ = 6 l

a) 3 dm³   b) 2000 cm³   c) 3 m³   d) 2500 ml
   1,2 dm³   4500 cm³   0,5 m³   750 ml

8 Berechne. Gib das Ergebnis in Kubikmetern an.

6 m · 2,5 m · 40 cm = 6 m · 2,5 m · 0,40 m = 6 m³

a) 8 m · 4,5 m · 1,2 m   b) 120 cm · 90 cm · 1,5 m
   1,40 m · 5 m · 80 cm   0,5 m · 2,4 m · 75 cm

9 Berechne. Gib das Ergebnis in Kilogramm an.

4 kg – 2500 g = 4000 g – 2500 g = 1500 g = 1,5 kg

a) 4 kg + 1700 g   b) 5 t – 850 kg – 450 kg
   3 kg – 650 g   2,8 t + 250 kg + 1300 kg

10 Gib in der Einheit an, die in Klammern steht.
a) 8 min (s)   b) 660 s (min)   c) $\frac{3}{4}$ h (min)
   4 h (min)   240 min (h) $1\frac{1}{2}$ h (min)

Brüche, Dezimalzahlen, Prozente

Brüche

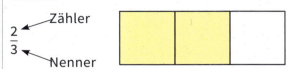

$\frac{2}{3}$ ← Zähler
     ← Nenner

Der Nenner eines Bruches gibt an, in wie viele gleich große Teile das Ganze eingeteilt wurde. Der Zähler eines Bruches gibt an, wie viele Teile betrachtet werden.

Erweitern und Kürzen

Beim Erweitern eines Bruches werden Zähler und Nenner mit derselben Zahl multipliziert. Beim Kürzen eines Bruches werden Zähler und Nenner durch dieselbe Zahl dividiert.

Erweitern mit 7: $\frac{3}{5} = \frac{3 \cdot 7}{5 \cdot 7} = \frac{21}{35}$

Kürzen durch 3: $\frac{12}{27} = \frac{12:3}{27:3} = \frac{4}{9}$

Addieren und Subtrahieren

Beim Addieren (Subtrahieren) gleichnamiger Brüche werden die Zähler addiert (subtrahiert). Der Nenner ändert sich nicht.

$\frac{3}{7} + \frac{2}{7} = \frac{5}{7}$ $\frac{7}{9} - \frac{5}{9} = \frac{2}{9}$

Ungleichnamige Brüche werden vor dem Addieren (Subtrahieren) so erweitert oder gekürzt, dass sie denselben Nenner haben. Danach werden die gleichnamigen Brüche addiert (subtrahiert).

$\frac{2}{5} + \frac{3}{7} = \frac{14}{35} + \frac{15}{35} = \frac{29}{35}$ $\frac{5}{6} - \frac{3}{5} = \frac{25}{30} - \frac{18}{30} = \frac{7}{30}$

Multiplizieren und Dividieren

Zwei Brüche werden multipliziert, indem man Zähler mit Zähler und Nenner mit Nenner multipliziert.

$\frac{2}{3} \cdot \frac{4}{7} = \frac{8}{21}$

Durch einen Bruch wird dividiert, indem man mit dem Kehrwert des Bruches multipliziert.

$\frac{7}{9} : \frac{4}{5} = \frac{7}{9} \cdot \frac{5}{4} = \frac{35}{36}$

Gemischte Zahlen

Brüche, die größer als 1 sind, können als gemischte Zahl geschrieben werden.

$\frac{10}{7} = 1\frac{3}{7}$

ganze Zahl   echter Bruch

---

1 Erweitere jeden Bruch auf den angegebenen Nenner.

a) $\frac{1}{4} = \frac{\square}{12}$ b) $\frac{2}{5} = \frac{\square}{20}$ c) $\frac{2}{3} = \frac{\square}{12}$ d) $\frac{5}{6} = \frac{\square}{42}$

2 Kürze jeden Bruch soweit wie möglich.

a) $\frac{9}{12}$ b) $\frac{25}{125}$ c) $\frac{32}{40}$ d) $\frac{36}{48}$ e) $\frac{24}{84}$

3 Berechne die Summe oder die Differenz.

a) $\frac{2}{7} + \frac{3}{7}$ b) $\frac{7}{9} - \frac{5}{9}$ c) $\frac{3}{4} + \frac{1}{8}$ d) $\frac{4}{9} + \frac{1}{6}$

$\frac{6}{11} + \frac{4}{11}$ $\frac{11}{13} - \frac{4}{13}$ $\frac{2}{5} - \frac{3}{10}$ $\frac{1}{10} + \frac{4}{5}$

4 Berechne.

a) $\frac{2}{3} \cdot \frac{5}{7}$ b) $\frac{5}{11} : \frac{1}{2}$ c) $\frac{5}{13} \cdot \frac{2}{3}$ d) $\frac{1}{5} : \frac{6}{7}$

$\frac{7}{9} \cdot \frac{4}{5}$ $\frac{5}{8} : \frac{6}{7}$ $\frac{2}{11} \cdot \frac{3}{7}$ $\frac{7}{10} \cdot \frac{3}{8}$

5 Kürze vor dem Multiplizieren.

$\frac{6}{25} \cdot \frac{10}{21} = \frac{6 \cdot 10}{25 \cdot 21} = \frac{\overset{2}{\cancel{6}} \cdot \overset{2}{\cancel{10}}}{\underset{5}{\cancel{25}} \cdot \underset{7}{\cancel{21}}} = \frac{2 \cdot 2}{5 \cdot 7} = \frac{4}{35}$

a) $\frac{4}{5} \cdot \frac{15}{16}$ b) $\frac{4}{9} \cdot \frac{27}{40}$ c) $\frac{7}{25} \cdot \frac{10}{21}$ d) $\frac{11}{12} \cdot \frac{6}{55}$

6 Kürze zunächst.

$\frac{8}{9} : \frac{4}{15} = \frac{8}{9} \cdot \frac{15}{4} = \frac{8 \cdot 15}{9 \cdot 4} = \frac{\overset{2}{\cancel{8}} \cdot \overset{5}{\cancel{15}}}{\underset{3}{\cancel{9}} \cdot \underset{1}{\cancel{4}}} = \frac{2 \cdot 5}{3 \cdot 1} = \frac{10}{3}$

a) $\frac{4}{9} : \frac{2}{3}$ b) $\frac{9}{44} : \frac{3}{11}$ c) $\frac{7}{10} : \frac{14}{15}$ d) $\frac{21}{22} : \frac{7}{33}$

7 Berechne den Bruchteil.

$\frac{3}{4}$ von 600 km sind $\square$

600 km $\xrightarrow{:4}$ 150 km $\xrightarrow{\cdot 3}$ 450 km

$\frac{3}{4}$ von 600 km sind 450 km

a) $\frac{1}{3}$ von 45 m   b) $\frac{2}{3}$ von 33 g   c) $\frac{4}{5}$ von 25 m³

$\frac{1}{5}$ von 15 € $\frac{2}{5}$ von 55 € $\frac{2}{7}$ von 14 km

$\frac{1}{10}$ von 70 kg $\frac{5}{6}$ von 42 cm $\frac{3}{8}$ von 48 t

8 Ergänze den Platzhalter.

a) $\frac{1}{2}$ von $\square$ g sind 15 g.   b) $\square$ von 12 m sind 4 m.

$\frac{1}{4}$ von $\square$ € sind 8 €. $\square$ von 20 m² sind 4 m².

9 a) Schreibe jeden Bruch als gemischte Zahl.

$\frac{5}{2}$ $\frac{8}{5}$ $\frac{7}{3}$ $\frac{23}{10}$ $\frac{17}{8}$ $\frac{21}{4}$

b) Schreibe jede gemischte Zahl als Bruch.

$1\frac{2}{3}$ $1\frac{3}{4}$ $2\frac{1}{5}$ $2\frac{4}{7}$ $3\frac{1}{6}$ $4\frac{2}{9}$

Brüche, Dezimalzahlen, Prozente

Dezimalzahlen

Brüche mit dem Nenner 10, 100, 1000, … lassen sich als Dezimalzahlen schreiben.

$\frac{1}{10} = 0{,}1 \qquad \frac{1}{100} = 0{,}01 \qquad \frac{1}{1000} = 0{,}001$

Einen Bruch in eine Dezimalzahl verwandeln

Einen Bruch kann man in eine Dezimalzahl verwandeln, indem man den Zähler durch den Nenner dividiert. Dabei entsteht eine abbrechende oder eine periodische Dezimalzahl.

$3 : 4 = 0{,}75 \qquad 5 : 6 = 0{,}833\ldots = 0{,}8\overline{3}$

$7 : 40 = 0{,}175 \qquad 3 : 11 = 0{,}2727\ldots = 0{,}\overline{27}$

Dezimalzahlen vergleichen

Schreibe die Dezimalzahlen stellenrichtig untereinander (Komma unter Komma). Vergleiche die Ziffern, die untereinander stehen, von links nach rechts. Die erste Stelle, an der die Ziffern verschieden sind, entscheidet, welche Dezimalzahl größer ist.

0,261 ☐ 0,258   1,45 ☐ 1,453
0,2**6**1   1,45**0**
0,2**5**8   1,45**3**
0,261 > 0,258   1,45 < 1,453

Dezimalzahlen runden

Runden auf Hundertstel:

1,2543 ≈ ☐   2,4157 ≈ ☐
      h   h
1,2543 ≈ 1,25   2,4157 ≈ 2,42

— Diese Stelle gibt an, ob auf- oder abgerundet wird.
— Auf diese Stelle soll gerundet werden.

Bei 0, 1, 2, 3, 4 runde ab.
Bei 5, 6, 7, 8, 9 runde auf.

Prozente

Der Anteil an einer Gesamtgröße wird häufig als Hundertstelbruch angegeben. Ein Hundertstel einer Gesamtgröße wird Prozent genannt.

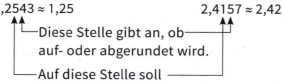

$\frac{19}{100} = 0{,}19 = 19\,\%$ $\qquad \frac{2}{25} = \frac{8}{100} = 0{,}08 = 8\,\%$

$\frac{317}{1000} = 0{,}317 = 31{,}7\,\%$ $\qquad 25\,\% = 0{,}25 = \frac{25}{100} = \frac{1}{4}$

10 Schreibe als Dezimalzahl.

a) $\frac{1}{10\,000}$ b) $\frac{3}{10}$ c) $\frac{61}{100}$ d) $\frac{563}{1000}$ e) $\frac{7}{100}$

11 Schreibe als Bruch. Kürze, wenn möglich.

$0{,}6 = \frac{6}{10} = \frac{3}{5}$ $\qquad 0{,}24 = \frac{24}{100} = \frac{6}{25}$

a) 0,7   b) 0,2   c) 0,75   d) 0,12   e) 1,5
   0,73   0,8   0,25   0,05   1,2

12 Erweitere und schreibe als Dezimalzahl.

$\frac{2}{5} = \frac{4}{10} = 0{,}4$ $\qquad \frac{11}{50} = \frac{22}{100} = 0{,}22$

a) $\frac{1}{4}$ b) $\frac{4}{5}$ c) $\frac{11}{50}$ d) $\frac{17}{20}$ e) $\frac{113}{500}$

13 Verwandle jeden Bruch durch Division in eine Dezimalzahl.

a) $\frac{5}{8}$ b) $\frac{13}{40}$ c) $\frac{1}{6}$ d) $\frac{4}{9}$ e) $\frac{5}{12}$

14 Setze jeweils < oder > oder = ein.

a) 2,14 ☐ 2,15   b) 0,011 ☐ 0,01
   2,45 ☐ 2,44   2,21 ☐ 2,12
   4,99 ☐ 3,99   0,14 ☐ 0,41

c) 4,347 ☐ 4,35   d) 0,001 ☐ 0,01
   8,56 ☐ 8,605   2,50 ☐ 2,5
   1,98 ☐ 0,999   0,101 ☐ 0,011

15 a) Runde auf Hundertstel.

4,333   21,875   7,8839   12,199   6,009
0,244   0,678   0,0882   0,0096   1,008

b) Runde auf Zehntel.

1,55   4,8811   12,98   1,4989   7,009
0,82   1,055   2,881   0,0677   1,003

c) Runde auf Tausendstel.

17,0933   0,00466   2,1004   11,3572   5,6797
2,7777   0,0988   2,4555   0,00864   2,0004

16 Gib den Bruch jeweils als Dezimalzahl und in Prozent an.

a) $\frac{1}{100}$ b) $\frac{1}{4}$ c) $\frac{671}{1000}$ d) $\frac{1}{5}$ e) $\frac{19}{50}$

   $\frac{17}{100}$ $\frac{1}{10}$ $\frac{13}{1000}$ $\frac{1}{4}$ $\frac{17}{20}$

17 Gib den Anteil als Bruch an. Kürze, wenn möglich.

a) 19 %   b) 30 %   c) 75 %   d) 45 %   e) 16 %

Brüche, Dezimalzahlen, Prozente

Bei der schriftlichen Addition und Subtraktion von Dezimalzahlen steht Komma unter Komma.

12,071 + 0,941 = ☐   1,2 − 0,231 = ☐

```
  12,071              1,200
+  0,941           −  0,231
  ──────             ──────
  13,012              0,969
```

12,071 + 0,941 = 13,012   1,2 − 0,231 = 0,969

Eine Dezimalzahl wird **mit 10, 100, 1000, … multipliziert (durch 10, 100, 1000, … dividiert)**, indem das Komma um 1, 2, 3, … Stellen nach rechts (links) rückt. Für fehlende Ziffern werden Nullen geschrieben.

2,34 · 10 = 23,4   0,784 : 10 = 0,0784
17,851 · 100 = 1785,1   14,2 : 100 = 0,142

Beim **schriftlichen Multiplizieren** von zwei Dezimalzahlen hat das Ergebnis so viele Stellen nach dem Komma wie beide Dezimalzahlen zusammen.

2,607 · 2,04 = ☐   1,73 · 0,28 = ☐

```
2,607 · 2,04          1,73 · 0,28
    5214                  346
   10428                 1384
   ─────                 ─────
   5,31828               0,4844
```

2,607 · 2,04 = 5,31828   1,73 · 0,28 = 0,4844

Beim **schriftlichen Dividieren** von zwei Dezimal-zahlen werden beide Zahlen mit 10, 100, 1000, … multipliziert, so dass der Divisor eine natürliche Zahl wird.

Sobald man beim Dividieren das Komma überschreitet, wird im Ergebnis das Komma gesetzt.

135 : 0,9 = ☐   0,3748 : 0,04 = ☐
1350 : 9 = ☐   37,48 : 4   = ☐

```
1350 : 9 = 150        37,48 : 4 = 9,37
  9                    36
  ──                   ──
  45                    14
  45                    12
  ──                    ──
   00                    28
   00                    28
   ──                    ──
    0                     0
```

135 : 0,9 = 15,2   0,3748 : 0,04 = 9,37

---

18 Berechne.

a) 5,42 + 3,27   b) 6,78 − 2,53
   34,6 + 21,2   26,8 − 12,6
   0,63 + 0,25   0,88 − 0,65

c) 5,72 + 0,217   d) 12,72 − 3,41
   0,452 + 1,23   5,899 − 2,07
   3,4 + 1,478   0,9531 − 0,022

e) 5,621 + 1,688   f) 12,702 − 3,661
   20,04 + 3,147   5,002 − 4,74
   1,9 + 2,067   0,9007 − 0,147

g) 4,562 + 0,78 + 8,32 + 0,096
   0,5799 + 1,45 + 0,0921 + 3,607
   11,09 + 2,9 + 0,782 + 9,008

19 Multipliziere mit 10 (100, 1000, 100 000).

a) 1,7   b) 0,51   c) 0,0034

Dividiere durch 10 (100, 1000, 100 000).

d) 125,5   e) 12,1   f) 0,36

20 Multipliziere schriftlich.

a) 1,8 · 2,4   b) 3,61 · 0,54
   9,3 · 1,4   0,87 · 3,1
   7,3 · 4,8   2,81 · 7,4

c) 0,322 · 0,4   d) 3,87 · 3,1
   0,245 · 0,5   11,8 · 0,15
   0,0241 · 0,02   0,817 · 2,8

e) 0,037 · 2,5   f) 0,0023 · 0,77
   0,028 · 0,72   0,082 · 0,081
   0,0032 · 6,4   0,093 · 0,023

21 Dividiere schriftlich.

a) 24 : 0,4   b) 28 : 0,08
   45 : 0,6   237 : 0,03
   121 : 0,5   876 : 0,06

c) 46,15 : 5   d) 4,256 : 8
   93,6 : 4   4,375 : 7
   77,4 : 9   0,8766 : 3

e) 2,886 : 0,6   f) 0,936 : 0,3
   12,896 : 0,8   0,08775 : 0,5
   5,8224 : 0,4   0,02494 : 0,2

g) 0,8451 : 0,09   h) 167,97 : 1,1
   0,001799 : 0,07   4,2492 : 1,2
   0,000456 : 0,03   33,945 : 1,5

Rationale Zahlen

Betrag einer rationalen Zahl

Die Zahlen −5 und +5 haben denselben Betrag 5, aber verschiedene Vorzeichen. Solche Zahlen heißen Gegenzahlen.

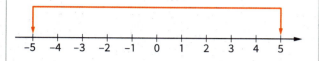

Addieren und Subtrahieren

Sind Rechen- und Vorzeichen einer Zahl gleich, setze +, sind sie verschieden, setze −.
22 − (−10) = 22 + 10
16 + (−19) = 16 − 19
(−3) − (+9) = −3 − 9

Addieren und Subtrahieren bei gleichen Vorzeichen
16 + 12 = +28   −10 − 17 = −27
Addiere die Beträge. Setze das gemeinsame Vorzeichen.

Addieren und Subtrahieren bei verschiedenen Vorzeichen
23 − 14 = +9   −31 + 28 = −3
23 − 29 = −6   −31 + 35 = +4

Subtrahiere den kleineren Betrag vom größeren Betrag. Setze das Vorzeichen der Zahl mit dem größeren Betrag.

Multiplizieren und Dividieren

Multiplizieren und Dividieren bei gleichen Vorzeichen
(+3) · (+8) = +24   (+48) : (+6) = +8
(−5) · (−7) = +35   (−45) : (−9) = +5
Multipliziere (dividiere) die Beträge. Setze das Vorzeichen +.

Multiplizieren und Dividieren bei ungleichen Vorzeichen
(+3) · (−5) = −15   (+42) : (−6) = −7
(−4) · (+9) = −36   (−56) : (+7) = −8
Multipliziere (dividiere) die Beträge. Setze das Vorzeichen −.

1 Ordne die rationalen Zahlen der Größe nach. Verwende das Zeichen <.
a) −3; −5; 7; 0; −8; −11; 9; −1; 1; −9
b) −2,1; 1,9; −2,3; 0,9; −1,9; −0,8; 2,1; −0,9
c) 0,2; −0,1; 0; 0,3; −0,1; 1,1; −1,1; 0,1
d) −6,9; −7,1; −7,3; −6,8; −6,5; −7,5; −7; −6
e) $-\frac{1}{2}$; −2; $1\frac{1}{2}$; $\frac{1}{2}$; −3; $-1\frac{1}{2}$; $2\frac{1}{2}$; −1

2 Notiere fünf rationale Zahlen,
a) die kleiner als −3 sind.
b) die größer als −20 und kleiner als 0 sind.
c) die kleiner als −5 und größer als −15 sind.
d) die größer als −1 und kleiner als 0 sind.

3 Berechne.
a) (+5) − (+4)   b) 8 − (−8)   c) −4 − (+5)   d) −3 + (−9)
  (−11) + (−9)   −7 − (+7)   −9 + (−7)   24 − (−5)
  (+9) − (−10)   −9 + (−5)   16 − (−5)   17 + (−8)

e) 23 − 24   f) 28 − 38   g) −12 − 15   h) 29 − 41
  −21 + 11   −25 − 9   −31 + 45   −55 − 11
  12 − 100   −19 + 31   60 − 75   −16 + 42

i) 2,1 − 4,1   k) 5,4 − 7,1   l) $\frac{4}{9} - \frac{3}{9}$ m) $-\frac{4}{13} - \frac{8}{13}$
  −3,2 − 2,8   −6,1 − 2,3 $-\frac{6}{9} + \frac{2}{9}$ $\frac{11}{15} - \frac{7}{15}$
  −5,8 + 2,4   2,5 − 12,5 $\frac{4}{11} - \frac{9}{11}$ $-\frac{4}{7} + \frac{6}{7}$

4 Berechne.
a) (−4) · (−6)   b) (+25) · (−3)   c) (−11) · (−3)
  (−9) · (+3)   (−21) · (+4)   (+16) · (−5)
  (+11) · (−2)   (−23) · (−5)   (−14) · (+7)

d) (+20) : (−5)   e) (−55) : (+11)   f) (+63) : (−7)
  (−14) : (−2)   (−45) : (−15)   (−72) : (−12)
  (−24) : (−8)   (+80) : (−4)   (−96) : (+8)

g) −90 : 18   h) −7 · (−12)   i) 70 · (−8)
  −5 · 13   −56 : (−7)   77 : (−7)
  −81 : 9   −5 · (−14)   40 · (−9)

5 Beachte die Regel „Punkt vor Strich".
a) −3 · 15 + 35   b) −4 · 12 + 40 : 8
  7 · (−12) − 16   56 : (−7) − 4 · 10
  −8 − 20 · (−3)   −7 · 9 − 8 · 11

c) −5 · 11 + 8 · 9   d) 40 : (−5) + 6 · (−2)
  4 · 7 − 3 · 12   −36 : (−9) − 18 : (−3)
  −12 · 6 + 40 · 2   −8 · 5 − 8 · (−5)

30

Terme

Variable

Variable sind Platzhalter für Zahlen. Als Variable verwendet man die Buchstaben des Alphabets.

x   y   a   b   r   t

Terme

Zahlen und Variablen sind Terme. Summen, Differenzen, Produkte, Quotienten von Termen sind auch Terme.

xy   5a   p – q   4a + 7b
71    $\frac{1}{a}$ x^2

Wert eines Terms

Wenn du bei einem Term für die Variablen Zahlen einsetzt und die Rechenoperationen ausführst, erhältst du den Wert des Terms.

Term: 2x + 3

x	Wert des Terms
8	2 · 8 + 3 = 19
–4	2 · (–4) + 3 = –5
$\frac{1}{2}$	2 · $\frac{1}{2}$ + 3 = 4

Term: $x^2 + 2$

x	Wert des Terms
5	$5^2 + 2 = 27$
–4	$(–4)^2 + 2 = 18$
$\frac{1}{2}$	$\left(\frac{1}{2}\right)^2 + 2 = 2\frac{1}{4}$

Einfache Umformungen von Termen

Zusammenfassen gleichartiger Summanden
9x + 7x = 16x
11a – 4a = 7a
9a + 7b – 2a – 3b = 7a – 4b
7x + 15 – 4x – 3 = 3x + 12
5x + 12 – 2x – 20 = 3x – 8

Ausmultiplizieren einer Klammer
5 (x + 2) = 5x + 10
7 (y – 3) = 7y – 21
3 (2a + 5b) = 6a + 15b
– (u – 2v + 5w) = – u + 2v – 5w
– 2 (7a – 3b) = – 14a + 6b

Ausklammern eines gemeinsamen Faktors
5a + 5b = 5 (a + b)
4x – 4y = 4 (x – y)
7x + 21y = 7 (x + 3y)
4x – 20 = 4 (x – 5)
2a + 6b – 10c = 2 (a + 3b – 5c)

1 Bestimme jeweils den Wert des Terms.

x	4x	x + 7	10 – x	2x – 1	$x^2 + 1$
3					
8					
–5					
$\frac{1}{2}$					

2 Gib für jede Figur einen möglichst einfachen Term zur Berechnung des Umfangs an.

a) 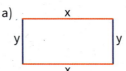   b)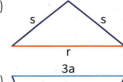

c) 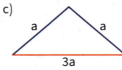   d)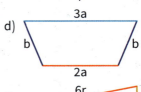

e) 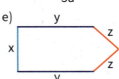   f)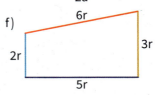

3 Fasse gleichartige Summanden zusammen.

a) 3a + 7a   b) 4a + 6a   c) 2x – 7x
   18x – 11x   11t – 5t   8y – 10y
   3u + 20u   7p – 6p   4q – 12q

d) 2x + 4x + 9x   e) 5y + 11x + 3y + 2x
   3r + 15r – 6r   11u + 3v – 4u – 5v
   2a + 8a – 3a   10r – 8s – 9r – 4s

4 Multipliziere die Klammern aus.

a) 6 (x + y)   b) 2 (a + 3)   c) 4 (x – 7)
   7 (r – s)   9 (b – 4)   3 (t + 1)
   2 (a + b)   5 (9 + c)   2 (4 – k)

d) – (6x – 3y + z)   e) – 4 (2u – 4v)
   – (r – 2s + 4t)   – 3 (8p – 2q)
   – (a – 4b – 5c)   – 7 (9a – 2b)

5 Klammere einen gemeinsamen Faktor aus.

a) 7x + 7y   b) 5x + 5y   c) 6r + 12
   8p – 8q   3r – 3s   9u – 18
   11a + 11b   4u – 4v   10x + 20

d) 7x + 21   e) 5a + 5b + 5c
   3k – 9   3r + 6s + 12t
   11z + 44   4x – 16y – 20z

31

Lineare und quadratische Gleichungen

Gleichungen

Wenn zwei Terme mit dem Gleichheitszeichen verbunden werden, entsteht eine Gleichung.

erster Term: $9x - 2$ zweiter Term: $3x + 7$
Gleichung: $9x - 2 = 3x + 7$

Umformen von Gleichungen

Die Lösung einer Gleichung ändert sich nicht, wenn auf beiden Seiten der Gleichung derselbe Term addiert (subtrahiert) wird.

$2x - 5 = 3 \quad |+5 \qquad 5x + 3 = 3x + 1 \quad |-3x$
$2x = 8 \qquad 2x + 3 = 1$

Die Lösung einer Gleichung ändert sich nicht, wenn beide Seiten der Gleichung mit derselben Zahl (ungleich null) multipliziert oder durch dieselbe Zahl (ungleich null) dividiert werden.

$\frac{1}{2} \cdot x = 6 \quad |\cdot 2 \qquad 8x = 20 \quad |:8$
$\phantom{\frac{1}{2} \cdot} x = 12 \qquad x = 2{,}5$

Lösen von Gleichungen

Forme die Gleichung so um, dass die Variable auf einer Seite alleine steht.
Notiere hinter dem Befehlsstrich, wie die beiden Seiten der Gleichung verändert werden.

$4x - 11 = 9 \quad |+11 \qquad 7x - 18 = 4x - 12 \quad |-4x$
$4x = 20 \quad |:4 3x - 18 = -12 \quad |+18$
$x = 5 3x = 6 \quad |:3$
$ x = 2$

Lösen einer Gleichung mit Klammern

1. Multipliziere die Klammern aus.
2. Fasse gleichartige Summanden zusammen.
3. Forme so um, dass x auf einer Seite steht.

$6(x - 2) = 11x + 27 - 11 - 7x$
$6x - 12 = 11x + 27 - 11 - 7x$
$6x - 12 = 4x + 16 \qquad |-4x$
$2x - 12 = 16 \qquad |+12$
$2x = 28 \qquad |:2$
$x = 14$

Quadratische Gleichungen

$7x^2 = 28 \quad |:7 \qquad x^2 + 6 = 42 \quad |-6$
$x^2 = 4 x^2 = 36$

$x = \sqrt{4}$ oder $x = -\sqrt{4} \qquad x = \sqrt{36}$ oder $x = -\sqrt{36}$
$x_1 = 2 \qquad x_2 = -2 \qquad\qquad x_1 = 6 \qquad x_2 = -6$

$ L = \{2, -2\} \qquad\qquad\qquad L = \{6, -6\}$

1 Löse die Gleichung.
a) $7x = 56$ b) $x - 11 = 5$ c) $\frac{1}{2}x = 3$
$11x = 44$ $x + 9 = 20$ $\frac{1}{4}x = 5$
$3x = 27$ $x + 6 = 14$ $\frac{1}{5}x = 2$

d) $4x - 5 = 19$ e) $9x - 12 = 15$
$5x + 4 = 24$ $8x + 10 = 42$
$7x - 11 = 17$ $6x + 20 = 74$

f) $14x - 5 = 23$ g) $11x - 18 = 70$
$11x + 9 = 64$ $15x + 10 = 100$
$15x - 10 = 35$ $12x + 22 = 82$

h) $7x - 4 = 5x + 8$ i) $5x + 9 = 2x + 15$
$6x - 1 = 2x + 11$ $9x - 23 = 4x + 12$
$9x + 7 = 6x + 13$ $11x - 4 = 6x + 16$

k) $5x - 2 = 3x + 8$ l) $5x + 12 = 8x + 18$
$8x - 1 = 2x + 11$ $3x + 11 = 5x - 7$
$11x + 5 = 7x + 21$ $2x - 23 = 6x + 13$

2 Fasse gleichartige Summanden zusammen und bestimme die Lösung.
a) $5x + 7x - 15 = 33$ b) $9x + 2 - 7x = 24$
$11x - 6x - 14 = 6$ $5 + 8x - 5x = 23$
$17x - 3x + 5 = 33$ $11x - 8 - 3x = 64$

c) $5x + 15 + 3x - 19 + 12x - 26 = 30$
$11x - 17 - 6x - 14 + 3x - 11 = 38$
$7x + 32 + 2x - 16 + 6x - 14 = 17$

3 Multipliziere die Klammern aus und bestimme die Lösung.
a) $5(x + 8) = 55$ b) $9(x + 1) = 6(x + 3)$
$4(x - 5) = 16$ $7(x - 4) = 5(x - 2)$
$7(x + 1) = 49$ $8(x - 1) = 4(x + 2)$

4 Multipliziere die Klammern aus, fasse gleichartige Summanden zusammen und bestimme x.
a) $7(x + 1) = 12x + 30 - 9x - 7$
$12x - 5x - 15 + 28 = 6(x + 3)$
$9x - 27 - 3x + 12 = 3(x + 2)$

b) $20x - 2x - 8 = 5(x - 4) - 14$
$11(x + 9) - 34 = 13 - 4x - 8$
$16 - 12x - 60 = 6x + 2(x + 8)$

5 Bestimme die Lösungsmenge.
a) $x^2 = 36$ b) $3x^2 = 48$ c) $x^2 - 13 = 51$
$x^2 = 121$ $5x^2 = 405$ $x^2 + 22 = 47$
$x^2 = 400$ $7x^2 = 175$ $x^2 - 22 = 99$

Sachaufgaben mithilfe von Gleichungen lösen

Das Achtfache der gesuchten Zahl vermindert um 11 ergibt 53.	
die gesuchte Zahl:	x
das Achtfache der gesuchten Zahl:	8x
das Achtfache vermindert um 11:	8x – 11
Gleichung:	8x – 11 = 53

Das Dreifache des Quadrats einer Zahl vermehrt um 12 ergibt 60.	
die gesuchte Zahl:	x
das Quadrat der gesuchten Zahl:	x^2
das Dreifache des Quadrats:	$3x^2$
Gleichung:	$3x^2 + 12 = 60$

Der Umfang eines Vierecks beträgt 37 cm. Die Seite $\overline{BC}$ ist doppelt so lang wie die Seite $\overline{AB}$. Die Seite $\overline{CD}$ ist 3 cm kürzer als $\overline{AB}$ und die Seite $\overline{DA}$ ist 5 cm länger als $\overline{AB}$.
Wie lang ist jede der vier Seiten des Vierecks?

Seite $\overline{AB}$	x
Seite $\overline{BC}$ (doppelt so lang wie $\overline{AB}$)	2x
Seite $\overline{CD}$ (3 cm kürzer als $\overline{AB}$)	x – 3
Seite $\overline{DA}$ (5 cm länger als $\overline{AB}$)	x + 5

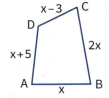

Gleichung: x + 2x + x – 3 + x + 5 = 37

Alle Kanten eines Quaders mit quadratischer Grundfläche sind zusammen 60 cm lang. Die Höhe des Quaders ist viermal so lang wie die Grundkante.
Bestimme die Länge der Grundkante und der Höhe des Quaders.

Grundkante: x

Höhe: 4x

Gleichung: 8 · x + 4 · 4x = 60

1 Berechne die gesuchte Zahl mithilfe einer Gleichung.
a) Das Fünffache der gesuchten Zahl vermindert um 22 ergibt 78.
b) Multipliziere die gesuchte Zahl mit 11 und addiere 17. Du erhältst 50.
c) Das Siebenfache des Quadrats einer Zahl beträgt 175.
d) Multipliziere eine Zahl mit 5 und subtrahiere 39. Du erhältst das Doppelte der Zahl.
e) Die Hälfte einer Zahl vermehrt um 7 ergibt 10.
f) Das Doppelte des Quadrats einer Zahl vermehrt um 28 beträgt 60.
g) Das Vierfache der gesuchten Zahl vermehrt um das Doppelte der Zahl ergibt 54.

2 Berechne die gesuchten Längen mithilfe einer Gleichung. Fertige zunächst eine Skizze an.
a) Die Grundseite eines gleichschenkligen Dreiecks ist 5 cm länger als die Schenkel. Der Umfang des Dreiecks beträgt 35 cm.

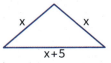

b) Ein Rechteck hat einen Umfang von 70 cm. Eine Seite ist 7 cm länger als die benachbarte Seite..

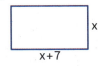

c) In einem Parallelogramm ist eine Seite 5 cm kürzer als die benachbarte Seite. Der Umfang des Parallelogramms beträgt 50 cm.
d) Der Umfang eines Vierecks beträgt 120 cm. Die Seite $\overline{BC}$ ist dreimal so lang wie die Seite $\overline{AB}$. Die Seite $\overline{CD}$ ist 40 cm länger als $\overline{AB}$ und die Seite $\overline{DA}$ ist 4 cm kürzer als $\overline{AB}$.

3 a) Alle Kanten eines Quaders mit quadratischer Grundfläche sind zusammen 90 cm lang. Die Grundkante des Quaders ist doppelt so lang wie die Höhe. Wie lang ist die Höhe, wie lang die Grundkante?
b) Die Höhe eines Quaders mit quadratischer Grundfläche ist 7 cm kürzer als die Grundseite. Alle Kanten des Quaders sind zusammen 80 cm lang. Bestimme die Länge der Grundkante und der Höhe.

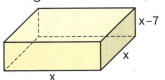

Quadratwurzeln und dritte Wurzeln

Quadratwurzeln

$\sqrt{64} = 8$, denn $8^2 = 64$

$\sqrt{900} = 30$, denn $30^2 = 900$

$\sqrt{2{,}25} = 1{,}5$, denn $1{,}5^2 = 2{,}25$

$\sqrt{\frac{4}{25}} = \frac{2}{5}$, denn $\left(\frac{2}{5}\right)^2 = \frac{4}{25}$

Aus negativen Zahlen können wir keine Wurzel ziehen.

Dritte Wurzeln

$\sqrt[3]{216} = 6$, denn $6^3 = 216$

$\sqrt[3]{8000} = 20$, denn $20^3 = 8000$

$\sqrt[3]{0{,}125} = 0{,}5$, denn $0{,}5^3 = 0{,}125$

$\sqrt[3]{\frac{8}{27}} = \frac{2}{3}$, denn $\left(\frac{2}{3}\right)^3 = \frac{8}{27}$

Rationale und irrationale Zahlen

Die meisten Quadratwurzeln und dritten Wurzeln sind Zahlen, die nicht als endliche oder periodische Dezimalzahlen geschrieben werden können. Solche Zahlen heißen irrationale Zahlen.
Die rationalen und die irrationalen Zahlen bilden zusammen die reellen Zahlen.

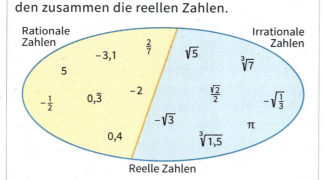

Näherungswerte

Beim Rechnen mit Quadratwurzeln und dritten Wurzeln werden Näherungswerte (gerundete Werte) verwendet.

Auf eine Stelle nach dem Komma gerundet:
$\sqrt{17} \approx 4{,}1$ $\sqrt{41} \approx 6{,}4$ $\sqrt[3]{15} \approx 2{,}5$

Auf zwei Stellen nach dem Komma gerundet:
$\sqrt{17} \approx 4{,}12$ $\sqrt{41} \approx 6{,}4$ $\sqrt[3]{15} \approx 2{,}47$

Auf vier Stellen nach dem Komma gerundet:
$\sqrt{17} \approx 4{,}1231$ $\sqrt{41} \approx 6{,}403$ $\sqrt[3]{15} \approx 2{,}466$

1 Bestimme jeweils die Quadratwurzel.

a) $\sqrt{25}$ b) $\sqrt{81}$ c) $\sqrt{256}$ d) $\sqrt{3600}$
$\sqrt{9}$ $\sqrt{400}$ $\sqrt{121}$ $\sqrt{2500}$
$\sqrt{49}$ $\sqrt{169}$ $\sqrt{289}$ $\sqrt{10000}$

e) $\sqrt{0{,}09}$ f) $\sqrt{1{,}21}$ g) $\sqrt{\frac{1}{4}}$ h) $\sqrt{\frac{36}{49}}$
$\sqrt{0{,}04}$ $\sqrt{1{,}44}$ $\sqrt{\frac{1}{64}}$ $\sqrt{\frac{64}{625}}$
$\sqrt{0{,}49}$ $\sqrt{6{,}25}$ $\sqrt{\frac{9}{16}}$ $\sqrt{\frac{169}{400}}$

2 Bestimme jeweils die dritte Wurzel.

a) $\sqrt[3]{27}$ b) $\sqrt[3]{343}$ c) $\sqrt[3]{0{,}125}$ d) $\sqrt[3]{8000}$
$\sqrt[3]{8}$ $\sqrt[3]{125}$ $\sqrt[3]{0{,}008}$ $\sqrt[3]{1000}$
$\sqrt[3]{64}$ $\sqrt[3]{512}$ $\sqrt[3]{0{,}064}$ $\sqrt[3]{64000}$

3 Setze < oder > ein.

a) $\sqrt{12}\;\square\;4$ b) $\sqrt{40}\;\square\;6$ c) $\sqrt{52}\;\square\;7$
$\sqrt{21}\;\square\;4$ $\sqrt{44}\;\square\;7$ $\sqrt{33}\;\square\;6$
$\sqrt{19}\;\square\;5$ $\sqrt{79}\;\square\;9$ $\sqrt{70}\;\square\;8$

4 Berechne die Seitenlänge des Quadrats, das denselben Flächeninhalt wie das Rechteck hat.

	Länge	Breite
Rechteck A	52 cm	13 cm
Rechteck B	75 cm	48 cm
Rechteck C	3,38 m	2,88 m
Rechteck D	2,94 m	1,50 m

5 Welche Quadratwurzeln sind rational, welche irrational?

$\sqrt{9}$ $\sqrt{11}$ $\sqrt{20}$ $\sqrt{25}$ $\sqrt{16}$ $\sqrt{21}$ $\sqrt{36}$ $\sqrt{29}$

6 Bestimme einen Näherungswert für die Quadratwurzel. Runde auf zwei Stellen nach dem Komma.

a) $\sqrt{52}$ b) $\sqrt{67}$ c) $\sqrt{110}$ d) $\sqrt[3]{51}$
$\sqrt{33}$ $\sqrt{95}$ $\sqrt{88}$ $\sqrt[3]{61}$
$\sqrt{18}$ $\sqrt{69}$ $\sqrt{122}$ $\sqrt[3]{101}$

7 a) Der Flächeninhalt eines Quadrats beträgt 11 cm². Begründe, dass die Maßzahl für die Seitenlänge des Quadrats zwischen 3 und 4 liegt.
b) Ein Quadrat hat einen Flächeninhalt von 30 cm². Gib die beiden natürlichen Zahlen an, zwischen denen die Maßzahl für die Seitenlänge des Quadrats liegt.

Umstellen von Formel

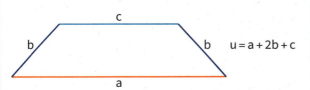

Der Umfang eines gleichschenkligen Trapezes beträgt 46 cm. Die beiden parallelen Seiten sind 18 cm und 10 cm lang. Bestimme die Länge der Seite b.

Gegeben: u = 46 cm, a = 18 cm, c = 10 cm
Gesucht: b

$u = a + 2b + c$
$46 = 18 + 2b + 10$
$46 = 28 + 2b \quad | -28$
$18 = 2b \quad | : 2$
$b = 9$

Die Seite b ist 9 cm lang.

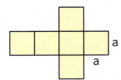

Der Oberflächeninhalt eines Würfels beträgt 337,5 cm². Bestimme die Kantenlänge.

Gegeben: O = 337,5 cm²
Gesucht: a

$O = 6a^2$
$337,5 = 6a^2 \quad | : 6$
$56,25 = a^2$
$7,5 = a$

Die Kantenlänge beträgt 7,5 cm.

Ein Lastwagen legt eine 848 km lange Strecke mit einer Durchschnittsgeschwindigkeit von 64 $\frac{km}{h}$ zurück. Bestimme die Zeit, die er benötigt.

Geschwindigkeit = $\frac{Weg}{Zeit}$ $\quad v = \frac{s}{t}$

Gegeben: v = 64 $\frac{km}{h}$, s = 848 km
Gesucht: t

$v = \frac{s}{t}$
$64 = \frac{848}{t} \quad | \cdot t$
$64 \cdot t = 848 \quad | : 64$
$t = \frac{848}{64}$
$t = 13,25$

Der Lastwagen benötigt $13\frac{1}{4}$ Stunden.

1 Der Umfang eines Rechtecks beträgt 144 cm. Die Seite b ist 30 cm lang. Bestimme die Länge der Seite a.

2 a) Der Flächeninhalt eines Dreiecks beträgt 36 cm². Die Höhe h des Dreiecks ist 8 cm lang. Bestimme die Länge der Grundseite g. Forme dazu die Formel für den Flächeninhalt des Dreiecks nach g um.
b) Die Grundseite g eines Dreiecks ist 10 cm lang. Der Flächeninhalt des Dreiecks beträgt 40 cm². Bestimme die Länge der Höhe h.

3 Forme die Formel für den Flächeninhalt des Vierecks so um, dass du die gesuchte Länge bestimmen kannst.

a)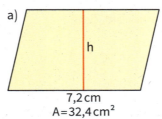
7,2 cm
A = 32,4 cm²

b)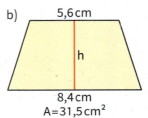
5,6 cm
8,4 cm
A = 31,5 cm²

4 Forme die Formel für das Volumen des Körpers so um, dass du die gesuchte Länge bestimmen kannst.

a) V = 672 cm³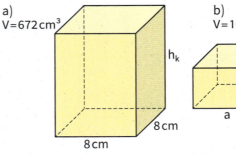

b) V = 169 cm³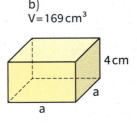
4 cm

c) V = 50 cm³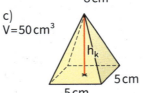
5 cm

d) V = 150 cm³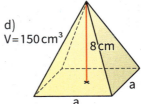
8 cm

5 Auf einer 570 km langen Strecke erreicht ein ICE eine Durchschnittsgeschwindigkeit von 120 $\frac{km}{h}$. Bestimme die Zeit, die der Zug benötigt.

6 Die Dichte von Aluminium beträgt 2,7 $\frac{g}{cm^3}$, die Dichte von Eisen 7,86 $\frac{g}{cm^3}$. Bestimme das Volumen von 1000 g Aluminium (Eisen).

Dichte = $\frac{Masse}{Volumen}$ $\qquad \rho = \frac{m}{V}$

Potenzen

Potenzen

Ein Produkt aus gleichen Faktoren kann als Potenz geschrieben werden.

Für alle $a \in \mathbb{R}$ und $n \in \mathbb{N}$ ($n > 0$) gilt:

$$\underbrace{a \cdot a \cdot a \cdot \ldots \cdot a}_{n \text{ Faktoren}} = a^n$$

a heißt Basis, n heißt Exponent, a^n heißt Potenz.

$8 \cdot 8 \cdot 8 \cdot 8 \cdot 8 \cdot 8 \cdot 8 = 8^7$

$x \cdot x \cdot x \cdot x \cdot x \cdot x \cdot x \cdot x \cdot x = x^9$

Zehnerpotenzen

Potenzen mit der Basis 10 heißen Zehnerpotenzen.

$10^3 = 10 \cdot 10 \cdot 10 = 1000$
$10^5 = 10 \cdot 10 \cdot 10 \cdot 10 \cdot 10 = 100\,000$
$10^1 = 10$
$10^0 = 1$

Zehnerpotenzen mit negativen Exponenten

Für alle $n \in \mathbb{N}$ ($n > 0$) gilt:

$$10^{-n} = \frac{1}{10^n} = \underbrace{\frac{1}{10 \cdot 10 \cdot \ldots \cdot 10}}_{n \text{ Faktoren}}$$

$10^{-4} = \frac{1}{10^4} = \frac{1}{10 \cdot 10 \cdot 10 \cdot 10} = 0{,}0001$

$10^{-6} = \frac{1}{10^6} = \frac{1}{10 \cdot 10 \cdot 10 \cdot 10 \cdot 10 \cdot 10} = 0{,}000001$

$10^{-1} = \frac{1}{10^1} = \frac{1}{10} = 0{,}1$

Wissenschaftliche Schreibweise

In wissenschaftlicher Schreibweise werden große und kleine Zahlen mithilfe von Zehnerpotenzen ausgedrückt.

Dabei ist der Faktor vor der Zehnerpotenz immer größer als 1 und kleiner als 10.

$30\,000 = 3 \cdot 10^4$ $0{,}005 = 5 \cdot 10^{-3}$
$20\,000\,000 = 2 \cdot 10^7$ $0{,}00009 = 9 \cdot 10^{-5}$
$150\,000 = 1{,}5 \cdot 10^5$ $0{,}0023 = 2{,}3 \cdot 10^{-3}$

---

1 Schreibe als Potenz.
a) $4 \cdot 4 \cdot 4 \cdot 4 \cdot 4 \cdot 4 \cdot 4 \cdot 4$
$2 \cdot 2 \cdot 2 \cdot 2 \cdot 2 \cdot 2 \cdot 2 \cdot 2 \cdot 2 \cdot 2$
b) $a \cdot a \cdot a \cdot a \cdot a \cdot a \cdot a$
$p \cdot p \cdot p \cdot p \cdot p \cdot p \cdot p \cdot p \cdot p \cdot p$

2 Schreibe als Bruch und als Dezimalzahl.

$10^{-5} = \frac{1}{10^5} = \frac{1}{10 \cdot 10 \cdot 10 \cdot 10 \cdot 10} = 0{,}00001$

a) 10^{-3} b) 10^{-7} c) 10^{-2} d) 10^{-8}

3 Berechne wie in den Beispielen.

$7 \cdot 10^4 = 7 \cdot 10\,000 = 70\,000$
$1{,}2 \cdot 10^3 = 1{,}2 \cdot 1000 = 1200$

a) $3 \cdot 10^3$ b) $6 \cdot 10^2$ c) $3{,}6 \cdot 10^4$
    $4 \cdot 10^2$ $4 \cdot 10^3$ $4{,}8 \cdot 10^3$
    $5 \cdot 10^5$ $3 \cdot 10^4$ $1{,}2 \cdot 10^6$

4 Berechne wie in den Beispielen.

$5 \cdot 10^{-4} = 5 \cdot 0{,}0001 = 0{,}0005$
$1{,}5 \cdot 10^{-2} = 1{,}5 \cdot 0{,}01 = 0{,}015$

a) $5 \cdot 10^{-3}$ b) $7 \cdot 10^{-4}$ c) $1{,}4 \cdot 10^{-4}$
    $2 \cdot 10^{-4}$ $9 \cdot 10^{-5}$ $2{,}5 \cdot 10^{-3}$
    $3 \cdot 10^{-2}$ $5 \cdot 10^{-8}$ $1{,}7 \cdot 10^{-4}$

5 Schreibe in wissenschaftlicher Schreibweise.

$200\,000 = 2 \cdot 100\,000 = 2 \cdot 10^5$
$25\,000 = 2{,}5 \cdot 10\,000 = 2{,}5 \cdot 10^4$
$0{,}0002 = 2 \cdot 0{,}0001 = 2 \cdot 10^{-4}$
$0{,}0011 = 1{,}1 \cdot 0{,}001 = 1{,}1 \cdot 10^{-3}$

a) $20\,000$ b) $700\,000$ c) $11\,000$
    $300\,000$ $2\,000\,000$ $8\,700\,000$
    5000 $10\,000\,000$ $320\,000$

d) $0{,}0003$ e) $0{,}07$ f) $0{,}0022$
    $0{,}004$ $0{,}00006$ $0{,}00015$
    $0{,}00008$ $0{,}0005$ $0{,}037$

6 Gib die Maßzahl in wissenschaftlicher Schreibweise an.
a) Ein Megawatt entspricht 1 000 000 Watt.
b) Die erste Eiszeit begann vor 600 000 Jahren.
c) Die Erde ist 150 000 000 km von der Sonne entfernt.
d) Ein Haar hat einen Durchmesser von 0,00001 m.
e) Ein Bakterium ist 0,000006 m lang.
f) Auf dem Wasser ist eine 0,00002 m dicke Ölschicht.

Zuordnungen

Zuordnungen können in **Tabellen**, **Pfeildiagrammen** und im **Koordinatensystem** dargestellt werden.

Maltes Lieblingsfach ist Sport, Lenis Kunst, Sophie hat Englisch, Lennart Mathematik und Nuran Sport als Lieblingsfach.
Jeder Schülerin und jedem Schüler wird das Lieblingsfach zugeordnet.

Schülerin / Schüler ⟶ Lieblingsfach

Tabelle

Name	Lieblingsfach
Malte	Sport
Leni	Kunst
Sophie	Englisch
Lennart	Mathematik
Nuran	Sport

Bei einer Lotterie fällt ein Gewinn von 100 € auf die Losnummer 491, Gewinne von 50 € fallen auf die Losnummern 567 und 003, 10 € gehen an die Losnummern 708, 342 und 560.
Jedem Gewinn werden die Losnummern zugeordnet.

Gewinn ⟶ Losnummer

Pfeildiagramm

100 € ⟶ 491
50 € ⟶ 567
　　　↘ 003
10 € ⟶ 708
　　　↘ 342
　　　↘ 560

In der Klassenarbeit wurde dreimal die Note 1 vergeben, fünfmal die 2, siebenmal die 3, sechsmal die 4, viermal die 5 und zweimal die Note 6. Jeder Note wird ihre Häufigkeit zugeordnet.

Note ⟶ Häufigkeit

Graph im Koordinatensystem

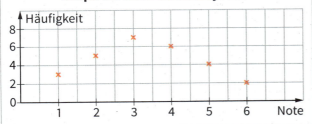

1 Schülerinnen und Schüler messen ihre Körpergröße. Sarah misst 165 cm, Alina 172 cm, Lena 170 cm, Sören 182 cm, Jannis 179 cm und Betül 165 cm. Stelle die Zuordnung „Name ⟶ Körpergröße" in einer Tabelle dar.

2 Bei den folgenden Nachnamen sollen jeweils die Buchstaben gezählt werden: Peters, Meyer, König, Uffmann, Bauer, Müller und Bäcker.
Ordne in einem Pfeildiagramm jedem Nachnamen die Anzahl der Buchstaben zu.

3 Ordne in einer Tabelle deinen Unterrichtsfächern ihre Wochenstundenzahl zu.

4 Ordne in einem Pfeildiagramm sieben deiner Lehrer(innen) ihre Unterrichtsfächer zu.

5 Im Physikunterricht haben Schülerinnen und Schüler Wasser erhitzt und in Abständen von jeweils 30 s die Temperatur des erhitzten Wassers gemessen. Anschließend haben sie die Zuordnung „Erhitzungszeit ⟶ Wassertemperatur" in einem Koordinatensystem dargestellt.

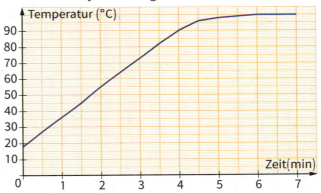

Lege eine Wertetabelle mit Zeiten von 0 min bis 7 min an (Schrittweite 0,5 min).

6 Lea hat in Abständen von einer Stunde die Temperatur gemessen und in eine Tabelle eingetragen. Zeichne ein Koordinatensystem und trage die Zeiten mit den zugehörigen Temperaturen als Punkte ein. Zeichne durch die Punkte eine Temperaturkurve.

Uhrzeit (h)	8	9	10	11	12	13	14	15
Temp. (°C)	13	15	17	19	21	22	22	22

Uhrzeit (h)	16	17	18	19	20	21	22	23
Temp. (°C)	21	19	18	17	15	14	13	13

Zuordnungen

Das abgebildete Gefäß wird mithilfe eines Messbechers mit Wasser gefüllt. Nach jedem zugegossenen Liter wird der Wasserstand gemessen.

Wassermenge → Wasserstand

Tabelle		Pfeildiagramm
Wassermenge (l)	Wasserstand (cm)	
0	0	0 l → 0 cm
1	4	1 l → 4 cm
2	8	2 l → 8 cm
3	12	3 l → 12 cm
4	16	4 l → 16 cm
5	18	5 l → 18 cm
6	20	6 l → 20 cm
7	22	7 l → 22 cm
8	24	8 l → 24 cm

Graph im Koordinatensystem

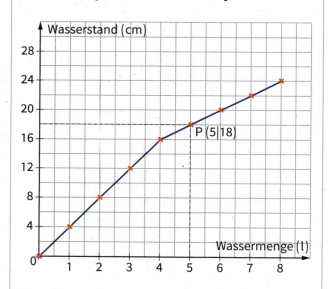

Einer Wassermenge von 5 Litern wird ein Wasserstand von 18 cm zugeordnet.

$$5\,l \longrightarrow 18\,cm$$

zugehöriges Zahlenpaar: (5 | 18)
Punkt im Koordinatensystem: P(5 | 18)

7 Im Koordinatensystem siehst du die Füllkurve eines Gefäßes.

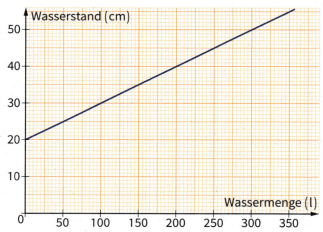

a) Welche Größen werden hier einander zugeordnet?
b) Bestimme mithilfe des Graphen, welcher Wasserstand einer Wassermenge von 50 Litern (300 Litern) zugeordnet wird.
c) Wie viel Liter Wasser müssen in das Gefäß gefüllt werden, damit der Wasserstand 40 cm beträgt?
d) Ordne der Füllkurve das zugehörige Gefäß zu. Begründe deine Entscheidung.

A   B

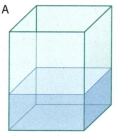 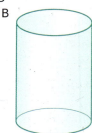

8 Eine Kerze brennt ab. Im Pfeildiagramm wird der Brenndauer (in h) die Höhe der Kerze (in cm) zugeordnet.

Brenndauer (h)	→	Höhe der Kerze (cm)
0	→	16
1	→	14,5
2	→	13
4	→	10
5	→	8,5
7	→	5,5
8	→	4
10	→	1

a) Trage die Zahlenpaare in ein Koordinatensystem ein. Überlege zunächst, wie du die Achsen einteilen musst.
b) Zeichne durch die eingezeichneten Punkte eine Gerade.

Proportionale Zuordnungen

Drei Kilogramm Tomaten kosten 6,00 €.

Je größer die Masse der gekauften Tomaten ist, desto größer wird auch der Preis.

Der doppelten Masse wird der doppelte Preis zugeordnet, der dreifachen Masse der dreifache Preis.

Der Hälfte der Masse wird die Hälfte des Preises zugeordnet, einem Drittel der Masse ein Drittel des Preises.

Die Zuordnung „Masse (kg) ⟶ Preis (€)" ist proportional.

3,0 kg ⟶ 6,00 €	(3,0 | 6,00)
6,0 kg ⟶ 12,00 €	(6,0 | 12,00)
9,0 kg ⟶ 18,00 €	(9,0 | 18,00)
1,5 kg ⟶ 3,00 €	(1,5 | 3,00)
1,0 kg ⟶ 2,00 €	(1,0 | 2,00)

Die Zahlenpaare sind quotientengleich. Der Quotient heißt Proportionalitätsfaktor k.

$$k = \frac{6,00}{3,0} = \frac{12,00}{6,0} = \frac{18,00}{9,0} = \frac{3,00}{1,5} = \frac{2,00}{1,0} = 2$$

Der Proportionalitätsfaktor k gibt hier den Preis für ein Kilogramm Tomaten an.

Die Zahlenpaare liegen als Punkte im Koordinatensystem auf einer Geraden durch den Ursprung (0 | 0).

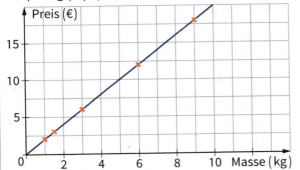

Dreisatz
3 kg Tomaten kosten 6,00 €. Wie viel Euro kosten 7 kg?

kg	€	
3	6,00	3 kg kosten 6 €.
1	2,00	1 kg kostet 6 € : 3 = 2 €.
7	14,00	7 kg kosten 2 € · 7 = 14,00 €.

1 Die folgenden Zuordnungen sind proportional. Berechne die fehlenden Werte.

a)
kg	€
12	4,80
24	—
36	—
6	—
4	—

b)
l	km
18	450
6	—
3	—
2	—
54	—

c)
kg	€
14,4	3,60
4,8	—
1,6	—
0,8	—
72,0	—

d)
kg	€
6	13,08
1	—
5	—

e)
l	km
8	154
2	—
4	—

f)
kg	€
3,5	21,84
1,0	—
2,5	—

2 Mia legt mit ihrem Fahrrad eine Strecke von 7,5 km in 25 Minuten zurück. Wie weit fährt sie bei gleicher Durchschnittsgeschwindigkeit in 40 (6, 120) Minuten?

3 Für ein 200 m² großes Dach werden 3600 Dachziegel bestellt. Wie viele Dachziegel müssen für eine Dachfläche von 150 m² bestellt werden?

4 Bei einer Fahrt auf der Autobahn benötigt ein Fahrzeug für eine 80 km lange Strecke 5,76 Liter Kraftstoff. Wie viel Liter Kraftstoff benötigt das gleiche Fahrzeug für eine 160 km (180 km, 100 km) lange Strecke?

5 Ein Goldbarren mit einem Volumen von 96 cm³ hat eine Masse von 1852,8 g. Berechne die Masse eines Goldbarrens mit einem Volumen von 540 cm³ (725 cm³).

6 In 45 min verbraucht ein elektrischer Heizlüfter für 0,30 € elektrische Energie. Berechne, welche Energiekosten in 20 min (1 h, 6 h) entstehen. Runde sinnvoll.

7 Auf einer Karte im Atlas beträgt die Entfernung von Berlin nach München (Luftlinie) bei einem Maßstab von 1 : 6 000 000 etwa 8 cm. Wie groß ist die Entfernung in Wirklichkeit? Wie groß ist die Entfernung auf einer Karte im Maßstab 1 : 2 500 000?

8 Ein Dieselgenerator benötigt in vier Betriebsstunden 30 Liter Kraftstoff. Zeichne den Graphen der Zuordnung „Betriebsdauer (h) ⟶ Kraftstoffmenge (l)" für bis zu 12 Betriebsstunden.

Antiproportionale Zuordnungen

6 Arbeiter pflastern einen Weg in 12 Tagen.

Je größer die Anzahl der Arbeiter ist, desto kleiner wird die benötigte Zeit.

Der doppelten Anzahl an Arbeitern wird die Hälfte der Zeit zugeordnet, der dreifachen Anzahl ein Drittel der Zeit.

Der Hälfte der Anzahl an Arbeitern wird das Doppelte der Zeit zugeordnet, einem Drittel der Anzahl das Dreifache der Zeit.

Die Zuordnung „Anzahl der Arbeiter ⟶ benötigte Zeit" ist antiproportional.

6 ⟶ 12 Tage	(6 | 12)
12 ⟶ 6 Tage	(12 | 6)
18 ⟶ 4 Tage	(18 | 4)
3 ⟶ 24 Tage	(3 | 24)
2 ⟶ 36 Tage	(2 | 36)

Die Zahlenpaare sind produktgleich.

$6 \cdot 12 = 12 \cdot 6 = 18 \cdot 4 = 3 \cdot 24 = 2 \cdot 36 = 72$

Das Produkt gibt hier an, wie lange ein Arbeiter für das Pflastern des Weges benötigt.

Die Zahlenpaare liegen als Punkte im Koordinatensystem auf einer Kurve (Hyperbel).

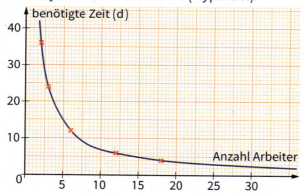

Dreisatz

6 Arbeiter pflastern einen Weg in 12 Tagen. Wie lange benötigen 8 Arbeiter?

Anzahl	Tage	
6	12	6 Arbeiter benötigen 12 Tage.
1	72	1 Arbeiter benötigt 12 · 6 = 72 Tage.
8	9	8 Arbeiter benötigen 72 : 8 = 9 Tage.

1 Die folgenden Zuordnungen sind antiproportional. Berechne die fehlenden Werte.

a)
Anzahl	Tage
6	18
12	—
24	—
3	—

b)
cm	cm
10	60
20	—
30	—
5	—

c)
cm	cm
14,4	24,0
4,8	—
1,2	—
28,8	—

d)
Anzahl	Tage
12	14
1	—
7	—

e)
cm	cm
45	64
5	—
80	—

f)
cm	cm
12,5	14,4
2,5	—
7,5	—

2 Eine Rolle Isolierband lässt sich in 25 jeweils 12 cm lange Stücke zerschneiden. Wie viele Stücke erhältst du, wenn jedes Stück 15 cm lang sein soll? Was gibt das Produkt an?

3 Fünf Dachdecker decken das Dach eines Einfamilienhauses in sechs Arbeitstagen. Wie viele Arbeitstage benötigen drei Dachdecker?

4 Das Schwimmbecken eines Freibads kann mit drei gleich starken Pumpen in 240 Minuten geleert werden.
a) Zu Beginn des Abpumpvorgangs fällt eine Pumpe aus.
b) Wie viele Pumpen entleeren das Becken in drei Stunden?

5 Herr Peters Auto benötigt im Stadtverkehr auf 100 km Fahrstrecke 7,2 l Kraftstoff. Mit einer Tankfüllung kann Herr Peters im Stadtverkehr 650 km weit fahren.
a) Wie viel Liter Kraftstoff fasst der Tank?
b) Auf der Autobahn benötigt das Auto bei konstanter Fahrt nur 5,2 l. Wie weit reicht eine Tankfüllung dort?
c) Wie groß darf der Kraftstoffverbrauch auf 100 km sein, wenn Herr Peters mit einer Tankfüllung 1000 km weit fahren möchte?

6 Eine Rolle Paketschnur kann in 12 jeweils 5 m lange Stücke zerschnitten werden.
a) Vervollständige die Tabelle in deinem Heft.

Anzahl Stücke	2	3	4	5	6	10	12	15	20	30
Stücklänge (m)							5			

b) Zeichne den Graphen der Zuordnung.

Grundaufgaben der Prozentrechnung

In der Prozentrechnung werden die folgenden Begriffe verwendet:
Grundwert (G): das Ganze
Prozentwert (W): der Anteil vom Ganzen
Prozentsatz (p %): der Anteil in Prozent
Der Grundwert entspricht immer 100 %.

Prozentwert gesucht

45 % von 420 kg = ☐ kg

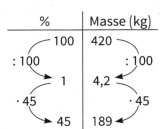

$W = \dfrac{G \cdot p}{100}$

$W = \dfrac{420 \cdot 45}{100}$

$W = 189$

Der Prozentwert beträgt 189 kg.

Grundwert gesucht

45 % ≙ 189 kg   100 % = ☐ kg

%	Masse (kg)
45	189
1	4,2
100	420

$G = \dfrac{W \cdot 100}{p}$

$G = \dfrac{189 \cdot 100}{45}$

$G = 420$

Der Grundwert beträgt 420 kg.

Prozentsatz gesucht

189 kg sind ☐ von 420 kg

Masse (kg)	%
420	100
1	$\frac{100}{420}$
189	45

$p \% = \dfrac{W \cdot 100}{G} \%$

$p \% = \dfrac{189 \cdot 100}{420} \%$

$p \% = 45 \%$

Der Prozentsatz beträgt 45 %.

Ein Tausendstel einer Gesamtgröße wird ein **Promille** genannt.

$\dfrac{1}{1000} = 1\,‰$

$0{,}001 = 1\,‰$

1 Berechne jeweils den Prozentwert.
a) 15 % von 40 kg
   32 % von 2400 g
b) 0,5 % von 150 €
   11,6 % von 25 m

2 Berechne jeweils den Grundwert.
a) 35 % sind 7,7 m
   48 % sind 60 kg
b) 0,2 % sind 1,5 kg
   9,6 % sind 38,40 €

3 Berechne jeweils den Prozentsatz.
a) 6 kg von 30 kg
   15 kg von 120 kg
b) 12,50 € von 100 €
   5,60 € von 40 €

4 Leon bekommt 20 % mehr Taschengeld. Das sind genau 8 € mehr.

5 Von 120 Schülerinnen und Schülern im Jahrgang sind 95 % in sozialen Netzwerken angemeldet.

6 Der Reinerlös eines Sponsorenlaufs beträgt 17 500 €. Davon sind 65 % für die Umgestaltung des Schulhofs vorgesehen.

7 An einer Schule kommen 55 % aller Schülerinnen und Schüler mit öffentlichen Verkehrsmitteln zur Schule. Das sind 506 Schülerinnen und Schüler.

8 Ein Bundesligastadion hat 82 000 Plätze.
a) Für das nächste Heimspiel sind bereits 87 % der Eintrittskarten verkauft.
b) 28 700 Plätze im Stadion sind Sitzplätze.

9 In einem 250-g-Glas Marmelade sind 162,5 g Zucker enthalten.
a) Berechne den Zuckeranteil in Prozent.
b) Wie viel Gramm Zucker sind in einem 400-g-Glas Marmelade enthalten?

10 Von 400 produzierten elektronischen Chips sind 48 Chips unbrauchbar. Berechne den Anteil unbrauchbarer Chips in Prozent.

11 Bei einem Einstellungstest fielen 35 % aller Bewerber durch. 91 Bewerber bestanden den Test.

12 In Orangen sind im Durchschnitt 0,5 ‰ Vitamin C enthalten, in Kiwis 2,4 ‰. Wie viel Gramm Vitamin C sind in 400 g Orangen, wie viel in 250 g Kiwis enthalten?

Prozentuale Veränderungen

Prozentuale Abnahme

Der Preis für einen Flachbildfernseher betrug ursprünglich 950 €. Der Preis wird um 12 % reduziert. Berechne den neuen Preis.

1. Lösungsweg:
$W = \frac{950 \cdot 12}{100} = 950 \cdot 0{,}12 = 114$
12 % von 950 € sind 114 €.
950 € − 114 € = 836 €

2. Lösungsweg:
100 % − 12 % = 88 %
Neuer Preis: 88 % vom alten Preis
$W = \frac{950 \cdot 88}{100} = 950 \cdot 0{,}88 = 836$

Der neue Preis beträgt 836 €.

Prozentuale Zunahme

Frau Wittler erhält eine Lohnerhöhung von 3,6 %. Ihr altes Gehalt betrug 1850 €. Berechne das neue Gehalt.

1. Lösungsweg:
$W = \frac{1850 \cdot 3{,}6}{100} = 1850 \cdot 0{,}036 = 66{,}60$
3,6 % von 1850 € sind 66,60 €
1850 € + 66,60 € = 1916,60 €

2. Lösungsweg:
100 % + 3,6 % = 103,6 %
Neues Gehalt: 103,6 % vom alten Gehalt
$W = \frac{1850 \cdot 103{,}6}{100} = 1850 \cdot 1{,}036 = 1916{,}60$

Das neue Gehalt beträgt 1916,60 €.

Prozentuale Veränderungen

Der Preis für ein Fahrrad beträgt nach einer 5-prozentigen Preisermäßigung 475 €.

Gegeben: W = 475 €   p % = 95 %
Gesucht: G
$G = \frac{W \cdot 100}{p} = \frac{475 \cdot 100}{95}$ € = 500 €

Der alte Preis beträgt 500 €.

Die Miete kostet nach einer 4-prozentigen Mieterhöhung nun 811,20 €.

Gegeben: W = 811,20 €   p % = 104 %
Gesucht: G
$G = \frac{W \cdot 100}{p} = \frac{811{,}20 \cdot 100}{104}$ € = 780,00 €

Die Miete betrug vorher 780,00 €.

---

1 Herr Dickhof wog 106 kg. Er konnte sein Gewicht um 15 % reduzieren.

2 Leas Taschengeld wurde um 20 % erhöht. Vor der Erhöhung bekam sie 30 €.

3 Familie Wolter konnte in diesem Jahr den vorjährigen Heizölverbrauch von 3800 l um 16 % senken.

4 Leos Vater kann eine Heimkino-Anlage im Großhandel für 420 € einkaufen. Zu dem angegebenen Preis kommt aber noch 19 % Mehrwertsteuer hinzu.

5 Im Schlussverkauf wird auf alle Preise ein Rabatt von 18 % gewährt. Eine Jeans ist mit 65 € ausgezeichnet.

6 Ein Verein hat die Preise für sein Stadion erhöht. Die Karte für einen Stehplatz kostet jetzt 9,00 € statt 8,50 €, für einen Sitzplatz 18,90 € statt 17,50 €. Um wie viel Prozent ist der Kartenpreis jeweils erhöht worden?

7 Die Stromgebühren werden um 9 % erhöht. Familie Schulte muss jetzt monatlich 70,85 € bezahlen. Wie hoch war die Abschlagszahlung vor der Preiserhöhung?

8 Die Mitgliederzahl einer Partei sank in diesem Jahr um 7,5 %. Die Partei hat jetzt nur noch 69 745 Mitglieder. Berechne die Mitgliederzahl vom letzten Jahr.

9 Frau Bader verkauft ihr fünf Jahre altes Auto für 12 600 €. Der Wertverlust beträgt 55 %. Wie teuer war der Neuwagen?

10 Die Rechnung eines Handwerkers weist einschließlich der Mehrwertsteuer von 19 % einen Betrag von 975,80 € aus.
a) Wie hoch ist der Rechnungsbetrag ohne Mehrwertsteuer?
b) Wie hoch ist die Mehrwertsteuer?

11 Ein Händler macht im Monat einen Bruttoumsatz von 26 180 €. Wie viel Mehrwertsteuer muss er an das Finanzamt abführen?

Zinsrechnung

Die Zinsrechnung ist eine Anwendung der Prozentrechnung.
Der Grundwert (G) heißt **Kapital (K)**.
Der Prozentwert (W) heißt **Zinsen (Z)**.
Der Prozentsatz (p %) heißt **Zinssatz (p %)**.
Wenn nichts anderes vereinbart ist, beziehen sich die Zinsen auf einen Zeitraum von einem Jahr.

Zinsen gesucht

$K = 5600$ €, $p\% = 3\%$; $Z = \square$ €

$Z = \frac{K \cdot p}{100}$ $\qquad Z = \frac{5600 \cdot 3}{100} = 168$

Die Zinsen betragen 168 €.

Kapital gesucht

$Z = 400$ €; $p\% = 2,5\%$; $K = \square$ €

$K = \frac{Z \cdot 100}{p}$ $\qquad K = \frac{400 \cdot 100}{2,5} = 16\,000$

Das Kapital beträgt 16 000 €.

Zinssatz gesucht

$K = 12\,000$ €; $Z = 216$ €; $p\% = \square$

$p\% = \frac{Z \cdot 100}{K}\%$ $\qquad p\% = \frac{216 \cdot 100}{12\,000}\% = 1,8\%$

Der Zinssatz beträgt 1,8 %.

Tageszinsen

$K = 6500$ €; $p\% = 13,5\%$; $n = 24$; $Z = \square$ €

$Z = \frac{K \cdot p}{100} \cdot \frac{n}{360}$ $\qquad Z = \frac{6500 \cdot 13,5}{100} \cdot \frac{24}{360} = 58,50$

Die Zinsen für 24 Tage betragen 58,50 €.

Zinseszinsen

K_0: Kapital am Anfang $\qquad K_0 = 4000$ €
K_n: Kapital nach n Jahren $\qquad K_n = \square$ €
n: Zeit in Jahren
p %: Zinssatz $\qquad p\% = 3\%$
q: Zinsfaktor $q = \frac{100 + 3}{100}$ $\qquad q = 1,03$

Kapital nach einem Jahr: $K_1 = 4000 \cdot 1,03$ €
Kapital nach zwei Jahren: $K_2 = 4000 \cdot 1,03^2$ €
Kapital nach drei Jahren: $K_3 = 4000 \cdot 1,03^3$ €

Kapital nach n Jahren: $K_n = 4000 \cdot 1,03^n$
$\qquad\qquad\qquad\qquad\qquad K_n = K_0 \cdot q^n$

---

1 Ben hat 400 € auf seinem Sparbuch angelegt. Er erhält nach einem Jahr 1,60 € Zinsen.

2 Herr Meyer erhält für sein Sparguthaben 1,5 % Zinsen. Nach einem Jahr werden ihm 187,50 € Zinsen gutgeschrieben.

3 Frau Bach hat 18 000 € zu einem Zinssatz von 2,5 % fest angelegt. Wie viel Euro Zinsen erhält sie dafür nach einem Jahr?

4 Frau Kempker möchte für ein Kapital von 150 000 € jährlich 3150 € Zinsen erhalten. Zu welchem Zinssatz muss sie ihr Geld anlegen?

5 Herr Weber hat eine Hypothek über 80 000 € zu einem Zinssatz von 2,4 % abgeschlossen. Wie viel Euro Zinsen muss er im ersten Monat bezahlen?

6 Frau Schäfer überzieht 20 Tage ihr Konto um 2800 €. Wie viel Euro Zinsen muss sie bei einem Zinssatz von 12,75 % dafür bezahlen?

7 Herr Sommer hat festverzinsliche Wertpapiere gekauft, die mit 2,7 % verzinst werden. Nach einem Jahr werden ihm 2160 € Zinsen gutgeschrieben.

8 Frau Schlüter hat ein Kapital von 75 000 € fest angelegt. Nach einem Jahr erhält sie dafür 1650 € Zinsen.

9 Sarah leiht ihrer Freundin Anna 40 €. Sarah gibt ihr das Geld nach 25 Tagen zurück. Wie viel Euro Zinsen müsste Anna bei einem Zinssatz von 12 % dafür bezahlen?

10 Auf welchen Wert ist ein Anfangskapital von 7000 € bei einer jährlichen Verzinsung von 1,5 % in zehn Jahren gestiegen?

11 Herr Harms wird in 15 Jahren pensioniert. Er möchte sich dann für 75 000 € ein Segelboot kaufen. Dazu legt er jetzt 50 000 € zu einem Prozentsatz von 2,8 % an.
a) Ist sein Kapital dann auf den gewünschten Betrag angewachsen?
b) Bestimme durch Probieren das Kapital, das zu einem Zinssatz von 2,4 % angelegt werden müsste, um auf die gewünschte Summe zu kommen.

Lineare Funktionen

Eine **Funktion** ist eine **eindeutige Zuordnung.** Jedem Element der **Definitionsmenge (D)** wird genau ein Element der **Wertemenge (W)** zugeordnet. Beide Elemente bilden ein Wertepaar.

Zuordnungsvorschriften für Funktionen lassen sich häufig mithilfe von **Funktionsgleichungen** angeben.

Zuordnungsvorschrift:	Jeder Zahl x wird das Doppelte zugeordnet.
Funktionsgleichung:	f: y = 2x oder f(x) = 2x
Funktionsterm:	2x
Funktionswert an der Stelle 2,7:	f(2,7) = 5,4 (lies: f von 2,7 gleich 5,4)

Funktionen mit der **Funktionsgleichung y = mx** sind besondere lineare Funktionen.
Die **Funktionsgraphen** sind **Geraden** durch den **Ursprung (0|0)**.
m gibt die **Steigung** der Geraden an.

Funktionsgleichung: y = **2** x

Steigung: m = **2**

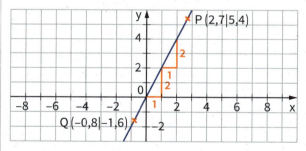

Wertetabelle:

x	−0,8	0	1	2	2,7	5
y	−1,6	0	2	4	5,4	10

Da die Gerade durch den Ursprung (0 | 0) geht, benötigst du einen weiteren Punkt, um den Funktionsgraphen zeichnen zu können.

Wertepaar: (2,7 | 5,4)   **Punkt:** P(2, | 5,4)

Steigung m = 2:
Wird der x-Wert um 1 größer, wächst der y-Wert um 2 · 1.

---

1 Die Zuordnungsvorschrift der Funktion f wird mit Worten beschrieben. Gib die zugehörige Funktionsgleichung in der Form y = mx oder y = mx + n an.
a) Jeder Zahl x wird das Vierfache zugeordnet.
b) Jeder Zahl x wird die Hälfte zugeordnet.
c) Jeder Zahl x wird das Doppelte vermehrt um 3 zugeordnet.

2 Die Funktion f hat die Funktionsgleichung y = 0,5x. Lege eine Wertetabelle mit x-Werten zwischen −4 und 4 an und zeichne den Graphen der Funktion.

3 Die folgenden Funktionen haben eine Funktionsgleichung der Form y = mx.
 f: y = 1,5x   g: y = −1,5x
 h: y = 2,5x   k: y = −2,5x
a) Zeichne die Graphen der Funktionen in ein Koordinatensystem. Da die Graphen Ursprungsgeraden sind, benötigst du dazu nur jeweils einen weiteren Punkt.
b) Wie verläuft der Funktionsgraph, wenn der Faktor m vor x größer (kleiner) als Null ist?

4 Lies aus dem Koordinatensystem die Steigungen der Geraden ab. Gib jeweils die Funktionsgleichung an.

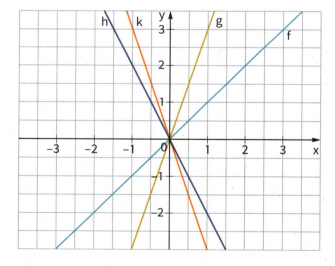

5 Zeichne die Graphen mithilfe von Steigungsdreiecken in ein Koordinatensystem.
a) f(x) = 4x   b) f: y = 0,7x
   g(x) = −2,5x   g: y = −3,5x

c) f(x) = 1,2x   d) f: y = 2,6x
   g(x) = −1,8x   g: y = −1,4x

Lineare Funktionen

Funktionen mit der **Funktionsgleichung** **y = mx + n** heißen **lineare Funktionen**. Ihre **Funktionsgraphen** sind **Geraden**.
m gibt die **Steigung** der Geraden an und **n** den **y-Achsenabschnitt**.

Funktionsgleichung: $y = -1{,}5\,x + 2$
Steigung: $m = -1{,}5$
y-Achsenabschnitt: $n = 2$

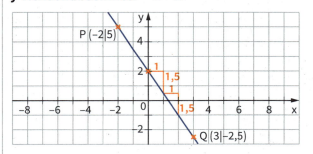

Wertetabelle:

x	−2	0	1	2	3	5
y	5	2	0,5	−1	−2,5	−5,5

Du benötigst zwei Punkte, um den Funktionsgraphen zeichnen zu können.

Wertepaar: (−2 | 5)   **Punkt:** P(−2 | 5)
(3 | −2,5)   Q(3 | −2,5)

Steigung m = −1,5:
Wird der x-Wert um 1 größer, nimmt der y-Wert um 1,5 · 1 ab.

y-Achsenabschnitt n = 2:
y = 2 ist der Funktionswert an der Stelle x = 0

Der Punkt P(x | y) liegt auf dem Graphen der linearen Funktion f, wenn seine Koordinaten die Funktionsgleichung erfüllen.

$$f: y = 0{,}5x - 1{,}5$$

P(4 | 0,5): $y = 0{,}5x - 1{,}5$
$0{,}5 = 0{,}5 \cdot 4 - 1{,}5$
$0{,}5 = 0{,}5\;w$
P liegt auf der Geraden.

Q(−2 | −1,5): $y = 0{,}5x - 1{,}5$
$-1{,}5 = 0{,}5 \cdot (-2) - 1{,}5$
$-1{,}5 = -2{,}5\;f$
Q liegt nicht auf der Geraden.

---

6 Zeichne die Funktionsgraphen in ein Koordinatensystem.
a) f: y = 2x + 4   b) f(x) = 1,5x + 3
   g: y = −3x + 1   g(x) = −2,5x − 2
   h: y = −x − 3   h(x) = −x − 2,5

7 Ordne den Funktionsgleichungen die zugehörigen Graphen zu.

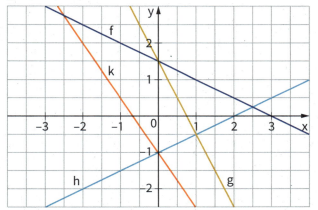

Gleichung	Graph	Gleichung	Graph
y = 0,5x − 1		y = −2x + 1,5	
y = −1,5x − 1		y = −0,5x + 1,5	

8 Lies aus dem Koordinatensystem jeweils den y-Achsenabschnitt n und die Steigung m ab. Gib dann die Funktionsgleichung der Funktion an.

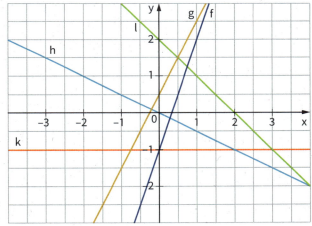

9 Überprüfe, ob die Punkte auf dem Funktionsgraphen von f liegen.
a) y = 2,5x + 3   P(−4 | 7), Q(−6 | −12)
b) y = −3x + 5,5   P(4 | −6,5), Q(−3 | 14,5)

10 Der Graph der linearen Funktion f verläuft durch die Punkte P(−2 | 0) und Q(2 | 5).
a) Zeichne den Graphen der Funktion.
b) Bestimme die Steigung.
c) Gib die Funktionsgleichung an.

Lineare Funktionen

Weg-Zeit-Diagramm

In dem Weg-Zeit-Diagramm werden die Fahrten eines Fahrrades und eines Motorrollers modelliert.

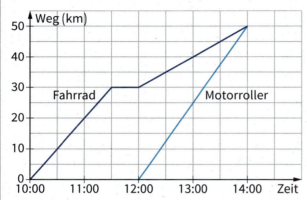

Fahrrad: Start um 10.00 Uhr,
von 11.30 Uhr bis 12.00 Uhr Pause,
Ende der Fahrt um 14.00 Uhr
Geschwindigkeit auf dem 1. Teilstück: 20 $\frac{km}{h}$
Geschwindigkeit auf dem 2. Teilstück: 10 $\frac{km}{h}$

Motorroller: Start um 12.00 Uhr,
Ende der Fahrt um 14.00 Uhr,
Geschwindigkeit: 25 $\frac{km}{h}$

Fahrradfahrer und Rollerfahrer treffen sich um 14.00 Uhr nach einer 50 km langen Fahrt.

Lineare Zunahme

Der abgebildete Graph einer linearen Funktion modelliert einen Füllvorgang.

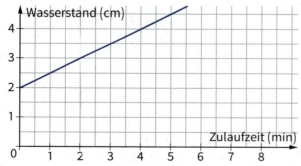

Der Wasserstand zu Beginn des Füllvorgangs wird durch den y-Achsenabschnitt n festgelegt: n = 2

Die Steigung gibt an, um wie viel der Wasserstand pro Minute steigt: m = 0,5

Funktionsgleichung: y = 0,5x + 2

11 In dem Weg-Zeit-Diagramm werden die Wanderungen zweier Gruppen modelliert.

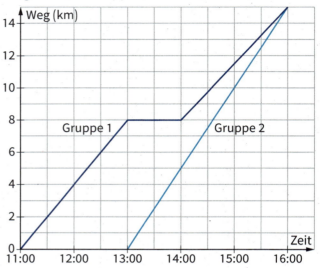

a) Wann startet Gruppe 1, wann macht sie Pause, wann ist sie am Ziel?
b) Bestimme die Geschwindigkeit von Gruppe 1 auf dem ersten und auf dem zweiten Teilstück.
c) Wann startet Gruppe 2 und mit welcher Geschwindigkeit ist sie unterwegs?
d) Um welche Uhrzeit und nach welcher zurückgelegten Strecke treffen sich beide Gruppen?

12 Der abgebildete Graph modelliert einen Füllvorgang.

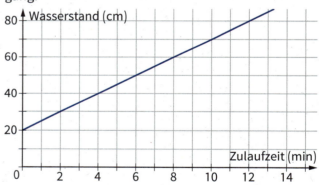

Bestimme den Wasserstand zu Beginn des Füllvorgangs und berechne, um wie viel Zentimeter der Wasserstand pro Minute steigt.
Gib die zugehörige Funktionsgleichung an.

13 Ein Füllvorgang für ein Becken wird durch den Graphen der Funktion f mit der Gleichung y = 0,5x + 40 modelliert.
Das Becken soll bis zu einer Höhe von 1,80 m gefüllt werden. Wie lange dauert der Füllvorgang?

Lineare Funktionen

Lineare Abnahme

Der abgebildete Graph einer linearen Funktion modelliert das Abbrennen einer Kerze

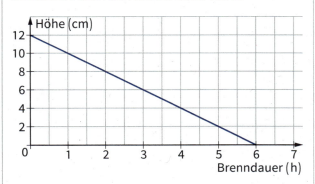

Die Funktionsgleichung der linearen Funktion hat die Form y = mx + n.

Der y-Achsenabschnitt gibt die Höhe der Kerze zu Beginn des Brennvorgangs an: n = 12
Die Steigung gibt an, um wie viel die Kerze pro Stunde abbrennt: m = −2

Funktionsgleichung: y = −2x + 12

Modellieren mit linearen Funktionen

Für einen Leihwagen müssen ein Grundbetrag von 70 € und 0,20 € pro Kilometer bezahlt werden.

y: Gesamtkosten in Euro
x: Strecke in km

Grundbetrag (verbrauchsunabhängiger Betrag):
70,00 €, also n = 70

Kosten pro zurückgelegten Kilometer (verbrauchsabhängiger Betrag):
0,20 €, also m = 0,2

y = mx + n
Gesamtkosten: y = 0,2x + 70

Herr Meier fährt 80 km: y = 0,2 · 80 + 70 = 86
Herr Meier muss 86,00 € bezahlen.

Frau Roth bezahlt 110,00 €:
   110 = 0,2 · x + 70 | − 70
   40 = 0,2x | : 0,2
   200 = x
Frau Roth hat 200 km zurückgelegt.

14 Die im Koordinatensystem dargestellte Funktion gibt den Zusammenhang zwischen der Futtermenge in einem Silo und der Zeit an.

a) Wie viel Kubikmeter Futter sind am Anfang im Silo? Um wie viel Kubikmeter nimmt die Futtermenge pro Tag ab?
b) Gib die Funktionsgleichung an.

15 In einen Standzylinder wird Wasser eingefüllt. Der Wasserstand zu Beginn des Füllvorgangs beträgt 5 cm, pro Minute steigt der Wasserstand um 3 cm. Gib die Funktionsgleichung der Funktion f an, die der Zeit x (in min) den Wasserstand y (in cm) zuordnet.

16 Der Tank eines Generators ist mit 80 l Kraftstoff gefüllt. Der Kraftstoffverbrauch pro Stunde beträgt 6 Liter.
a) Gib die Gleichung der Funktion an, die der Betriebsdauer (in h) den Tankinhalt (in *l*) zuordnet.
b) Wie viel Stunden kann der Generator mit dieser Tankfüllung betrieben werden?

17 Eine Kerze ist 40 cm hoch und brennt pro Stunde um 3 cm herunter. Eine dickere Kerze ist 30 cm hoch und brennt pro Stunde um 2 cm herunter. Beide Kerzen werden gleichzeitig angezündet.
a) Welche Kerze brennt länger?
b) Gib zu jeder Kerze die Gleichung der Funktion an, die der Brenndauer (in h) die Höhe der Kerze (in cm) zuordnet.
c) Bestimme die Brenndauer, nach der beide Kerzen die gleiche Höhe haben.

Quadratische Funktionen

Der Graph der quadratischen Funktion f mit der Funktionsgleichung $y = x^2$ heißt **Normalparabel**.

Die Normalparabel ist symmetrisch zur y-Achse. Im **Scheitelpunkt S (0|0)** der Normalparabel nimmt die Funktion f ihren kleinsten Funktionswert an.

Die Normalparabel ist **nach oben** geöffnet.

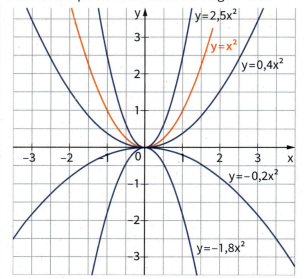

Der Graph einer quadratischen Funktion mit der Funktionsgleichung **y = ax²** ist eine Parabel mit dem Scheitelpunkt S (0|0).

Für **a > 1** ist der Graph eine nach **oben geöffnete** Parabel mit den gleichen Eigenschaften wie die Normalparabel. **Je größer a** ist, **desto steiler** verläuft die Parabel.

Für **a < –1** ist der Graph eine nach **unten geöffnete** Parabel mit den gleichen Eigenschaften wie die an der x-Achse gespiegelte Normalparabel. **Je größer a** ist, **desto flacher** verläuft die Parabel.

Du berechnest die x-Koordinate eines Punktes P auf dem Graphen einer quadratischen Funktion, indem du die zugehörige quadratische Gleichung löst.

$y = 0{,}2x^2 \qquad P(x|12{,}8)$
$0{,}2x^2 = 12{,}8 \qquad |:0{,}2$
$x^2 = 64$
$x = \sqrt{64} \text{ oder } x = -\sqrt{64}$
$x_1 = 8 \qquad x_2 = -8$
$P_1(8|12{,}8) \quad P_2(-8|12{,}8)$

1 Ordne jeder Funktionsgleichung die zugehörige Parabel zu.

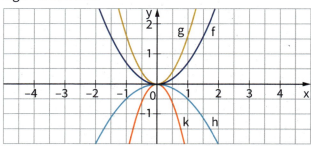

Gleichung	Parabel	Gleichung	Parabel
$y = -0{,}5x^2$		$y = 1{,}6x^2$	
$y = 0{,}7x^2$		$y = -2{,}5x^2$	

2 Der Punkt P liegt auf dem Graphen einer quadratischen Funktion. Berechne die fehlende x-Koordinate.
a) $y = 2{,}5x^2$, $P(x|32{,}4)$ b) $y = -1{,}5x^2$, $P(x|-73{,}5)$
c) $y = 3{,}2x^2$, $P(x|39{,}2)$ d) $y = -0{,}25x^2$, $P(x|-5{,}76)$

3 Der Bremsweg eines Lkws auf trockenem Asphalt kann durch die folgende Funktion modelliert werden: $y = 0{,}01x^2$.
Dabei gibt x die Geschwindigkeit (in $\frac{km}{h}$) und y den Bremsweg (in m) an.
a) Zeichne den Graphen der Funktion für Geschwindigkeiten von 0 bis 90 $\frac{km}{h}$.
b) Bestimme anhand des Graphen die Geschwindigkeit eines Lkws, der auf trockenem Asphalt einen Bremsweg von 50 (60, 80) m Länge hat.
c) Ein Lkw hat einen Bremsweg von 70 m. Bestimme seine Geschwindigkeit durch eine Rechnung.

4 Der Verlauf eines Stromkabels zwischen zwei Masten wird durch den Graphen der Funktion $y = 0{,}005x^2$ modelliert.

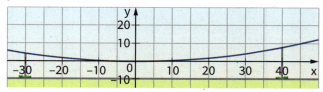

a) Bestimme die Stelle, an der das Stromkabel am tiefsten hängt. Gib dort die Höhe über dem Erdboden an.
b) Die Masten stehen bei –30 m und bei 40 m. Berechne ihre Höhe.

Wachstum

lineares Wachstum:
Ein Schwimmbecken wird mit Wasser gefüllt. Der Wasserstand zu Beginn des Füllvorgangs beträgt 0,8 m. Pro Stunde steigt der Wasserstand um 0,2 m.
In gleichen Zeitspannen nimmt der Wasserstand um den gleichen Betrag zu.
Anfangsgröße: 0,8 m also n = 0,8
stündliche Zunahme: 0,2 m also m = 0,2x
$$y = 0{,}2x + 0{,}8$$

quadratisches Wachstum:
Ein Stein wird in einen Brunnen geworfen. Der Falldauer x (in s) wird die Fallstrecke y (in m) zugeordnet.
Die Zunahme der Falldauer wächst in gleichen Zeitspannen um den gleichen Betrag.

x (s)	0	1	2	3	4	5
y (m)	0	5	20	45	80	125
Zunahme (m)		+5	+15	+25	+35	+45

$$y = 5x^2$$

exponentielles Wachstum:
Ein Staat hat im Jahr 2017 eine Bevölkerungszahl von 30 Millionen. Die Bevölkerungszahl wächst pro Jahr um 2,5 %.
y: Bevölkerungszahl in Millionen
x: Anzahl der Jahre nach 2017
Anfangsgröße (im Jahr 2017): 30 Mio, also k = 30
Wachstum: 2,5 %
Wachstumsfaktor: $\frac{100 + 2{,}5}{100}$, also a = 1,025
Die Bevölkerungszahl nimmt in gleichen Zeitspannen um den gleichen Faktor zu.
$$y = 30 \cdot 1{,}025^x$$

exponentielle Abnahme:
Ein Staat hat im Jahr 2017 eine Bevölkerungszahl von 80 Millionen. Die Bevölkerungszahl nimmt pro Jahr um 1,5 % ab.
y: Bevölkerungszahl in Millionen
x: Anzahl der Jahre nach 2017
Anfangsgröße (im Jahr 2017): 80 Mio, also k = 80
Abnahme: 1,5 %
Wachstumsfaktor: $\frac{100 - 1{,}5}{100}$, also a = 0,985
Die Bevölkerungszahl nimmt in gleichen Zeitspannen um den gleichen Faktor ab.
$$y = 80 \cdot 0{,}985^x$$

1 Ein Regenwasserspeicher enthält bereits 4000 Liter Wasser. An einem Regentag fließen pro Minute 50 Liter Regenwasser hinzu.
a) Wie viel Liter Regenwasser enthält der Speicher nach sechs Regentagen?
b) Beschreibe den Inhalt des Speichers durch eine Funktionsgleichung. Dabei soll x die Anzahl der Minuten und y den Inhalt in Litern angeben.

2 Ein Futtersilo ist mit 30 Tonnen Schweinefutter gefüllt. Pro Tag werden 0,5 Tonnen zur Fütterung der Tiere verbraucht.
a) Wie viel Tonnen Futter sind nach zehn Tagen noch im Silo?
b) Beschreibe den Inhalt des Futtersilos durch eine Funktionsgleichung. Dabei soll x die Anzahl der Tage und y den Inhalt in Tonnen angeben.
c) Für wie viele Tage reicht das Futter?

3 Eine Kugel rollt eine schiefe Ebene hinunter. Nach einer Sekunde hat sie einen Weg von 0,2 m zurückgelegt, nach zwei Sekunden einen Weg von 0,8 m, nach drei Sekunden 1,8 m und nach vier Sekunden 3,2 m.
a) Begründe, dass hier quadratisches Wachstum vorliegt.
b) Zeige, dass die Funktion „Zeit (s) ⟶ Weg (m)" die Funktionsgleichung $y = 0{,}2x^2$ hat.

4 Der Bremsweg eines Pkws hängt von seiner Geschwindigkeit ab. Bei einer Geschwindigkeit von 20 $\frac{km}{h}$ beträgt der Bremsweg 2 m, bei 30 $\frac{km}{h}$ 4,5 m, bei 40 $\frac{km}{h}$ 8 m und bei 50 $\frac{km}{h}$ 12,5 m.
a) Zeige, dass die Funktion „Geschwindigkeit x ($\frac{km}{h}$) ⟶ Bremsweg y (m)" die Funktionsgleichung $y = 0{,}005x^2$ hat.
b) Berechne den Bremsweg bei einer Geschwindigkeit von 100 $\frac{km}{h}$ (140 $\frac{km}{h}$).

5 Norwegen hat im Jahr 2016 eine Bevölkerungszahl von 5,32 Millionen. Die Bevölkerungszahl wächst pro Jahr um 1 %.
a) Wie groß ist die Bevölkerungszahl 2020?
b) Wann hat sich die Bevölkerungszahl bei gleichem Wachstum verdoppelt?

6 2016 lebten in Kroatien 4,29 Millionen Einwohner. Pro Jahr sinkt die Bevölkerungszahl um 0,5 %. Beschreibe die Bevölkerungsentwicklung mithilfe einer Exponentialfunktion.

Rechteck und Quadrat

Längeneinheiten

Die Umwandlungszahl für Längeneinheiten ist 10.

15 cm = 150 mm   460 dm = 46 m
3,8 m = 38 dm   735 cm = 7,35 m

Flächeneinheiten

Die Umwandlungszahl für Flächeneinheiten ist 100.

$6 \text{ cm}^2 = 600 \text{ mm}^2$ $1200 \text{ dm}^2 = 12 \text{ m}^2$
$4,5 \text{ dm}^2 = 450 \text{ cm}^2$ $680 \text{ mm}^2 = 6,80 \text{ cm}^2$

Rechteck

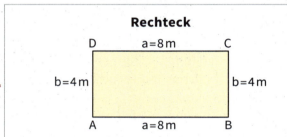

Umfang: u = 2a + 2b
              u = 2 · 8 + 2 · 4
              u = 16 + 8
              u = 24

Der Umfang beträgt 24 m.

Flächeninhalt: A = a · b
                   A = 8 · 4
                   A = 32

Der Flächeninhalt beträgt 32 m².

Quadrat

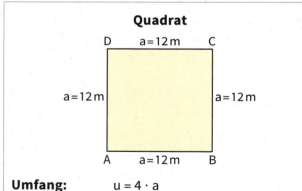

Umfang: u = 4 · a
              u = 4 · 12
              u = 48

Der Umfang beträgt 48 m.

Flächeninhalt: A = a²
                   A = 12²
                   A = 144

Der Flächeninhalt A beträgt 144 m².

---

1 Wandle in die Einheit um, die in Klammern steht.

a) 320 cm (mm)   b) 70 cm (dm)   c) 7 m (cm)
   8 m (dm)   55 mm (cm)   23 dm (mm)
   4,5 dm (cm)   0,36 m (cm)   8,75 m (cm)

2 Wandle in die Einheit um, die in Klammern steht.

a) 3 m² (dm²)   b) 400 cm² (m²)   c) 5,5 a (m²)
   500 cm² (dm²)   7,8 dm² (cm²)   640 ha (a)
   400 dm² (m²)   0,4 m² (dm²)   1000 m² (ha)
   38 cm² (dm²)   650 mm² (cm²)   0,2 km² (m²)
   165 m² (dm²)   1 km² (m²)   0,08 a (m²)

3 Berechne den Umfang und den Flächeninhalt der abgebildeten Figur.

a) 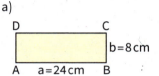   b)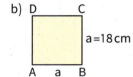

4 Berechne den Flächeninhalt und den Umfang des Rechtecks. Achte auf die Einheiten.

	a)	b)	c)	d)
Seitenlänge a	28 cm	0,5 m	56 mm	0,65 m
Seitenlänge b	14 cm	23 dm	4,8 cm	24 cm

5 Ein Grundstück ist 34,50 m lang und 27,40 m breit.
a) Berechne den Preis für das Grundstück, wenn ein Quadratmeter 86 € kostet.
b) Das Grundstück soll eingezäunt werden. Für eine Einfahrt ist ein 3,50 m breites Tor vorgesehen. Wie lang wird der Zaun?

6 Familie Müller beabsichtigt, ihr Grundstück zu vergrößern. Sie möchte einen rechteckigen Streifen der Wiese dazukaufen.
Für diesen Streifen will sie 12 000 € ausgeben. Ein Quadratmeter der Wiese kostet 25 €.
a) Berechne, wie viel Quadratmeter Fläche sie von der Wiese dazukaufen kann.
b) Berechne die Breite x des neuen rechteckigen Streifens.

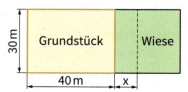

Parallelogramm, Dreieck und Trapez

Parallelogramm

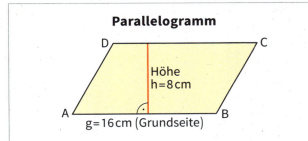

Flächeninhalt: $A = g \cdot h$
$A = 16 \cdot 8 = 128$
Der Flächeninhalt beträgt 128 cm².

Dreieck

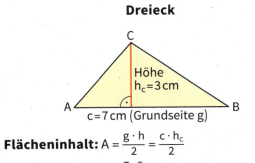

Flächeninhalt: $A = \dfrac{g \cdot h}{2} = \dfrac{c \cdot h_c}{2}$
$A = \dfrac{7 \cdot 3}{2} = 10{,}5$
Der Flächeninhalt beträgt 10,5 cm².

Rechtwinkliges Dreieck

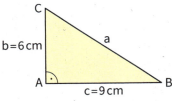

Flächeninhalt: $A = \dfrac{g \cdot h}{2} = \dfrac{c \cdot b}{2}$
$A = \dfrac{9 \cdot 6}{2} = 27$
Der Flächeninhalt beträgt 27 cm².

Trapez

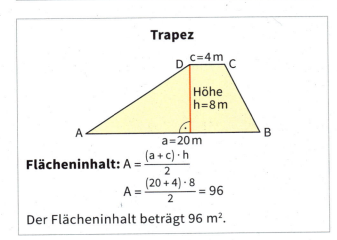

Flächeninhalt: $A = \dfrac{(a + c) \cdot h}{2}$
$A = \dfrac{(20 + 4) \cdot 8}{2} = 96$
Der Flächeninhalt beträgt 96 m².

1 Berechne den Umfang und den Flächeninhalt der Figur.

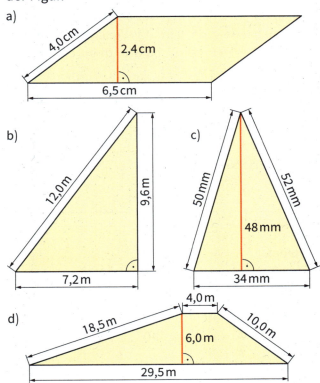

2 Zeichne zunächst die ebene Figur mit den angegebenen Eckpunkten in ein Koordinatensystem (Einheit 1 cm).
Berechne anschließend den Flächeninhalt der Figur.

Figur	Koordinaten der Eckpunkte
I	A (−4 | −2), B (0 | −2), C (0 | 4), D (−4 | 2)
II	A (2 | −1), B (8 | −1), C (7 | 3), D (1 | 3)
III	A (−4 | −5), B (3 | −6), C (2 | −3)
IV	A (4 | −7), B (7 | −7), C (7 | −2), D (4 | −2)

3 Berechne anhand der Abbildung jeweils die Größe der bebauten und der unbebauten Fläche.

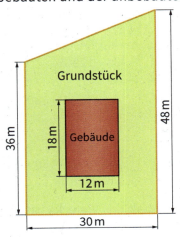

Vielecke

Flächeninhalt eines Vielecks

Um den Flächeninhalt A des abgebildeten Vielecks zu bestimmen, wird das Vieleck zunächst in geeignete geometrische Grundfiguren zerlegt.

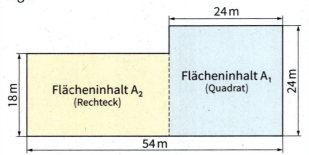

Vieleck: $A = A_1 + A_2$

Quadrat: $A_1 = 24 \cdot 24 = 576$
$A_1 = 576$

Rechteck: $A_2 = 18 \cdot (54 - 24)$
$A_2 = 18 \cdot 30 = 540$
$A_2 = 540$

Vieleck: $A = A_1 + A_2$
$A = 576 + 540 = 1116$
$A = 1116$

Der Flächeninhalt des Vielecks beträgt 1116 m².

oder:

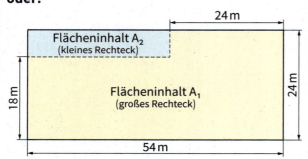

Vieleck: $A = A_1 - A_2$

Großes Rechteck: $A_1 = 54 \cdot 24 = 1296$
$A_1 = 1296$

Kleines Rechteck: $A_2 = (54 - 24) \cdot (24 - 18)$
$A_2 = 30 \cdot 6 = 180$
$A_2 = 180$

Vieleck: $A = A_1 - A_2$
$A = 1296 - 180 = 1116$
$A = 1116$

Der Flächeninhalt des Vielecks beträgt 1116 m².

1 Bestimme den Flächeninhalt der Figur.

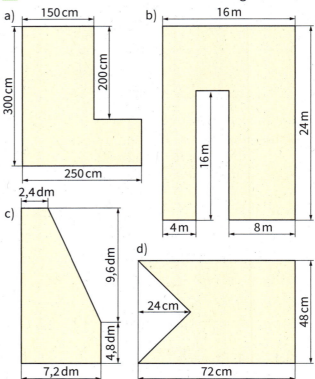

2 Bestimme den Umfang und den Flächeninhalt der abgebildeten Figur.

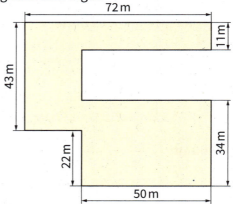

3 Die abgebildete Hauswand soll einen neuen Anstrich erhalten. Für einen Quadratmeter Wandfläche werden 0,6 kg Farbe benötigt. Der Flächeninhalt der Fenster und der Tür beträgt 9,50 m².

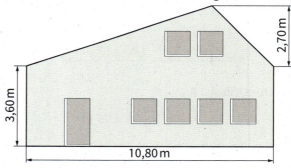

Kreis und Kreisteile

Kreis

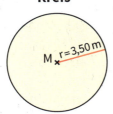

Umfang: $u = 2 \cdot r \cdot \pi$
$u = 2 \cdot 3{,}50 \cdot \pi \approx 21{,}991$
Der Umfang beträgt ungefähr 22,0 cm.

Flächeninhalt: $A = \pi \cdot r^2$
$A = \pi \cdot 3{,}50^2 \approx 38{,}485$
Der Flächeninhalt beträgt ungefähr 38,5 cm².

Kreisausschnitt

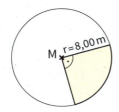

Flächeninhalt des Kreises:

$A = \pi \cdot r^2$
$A = \pi \cdot 8{,}00^2 \approx 201{,}06$

Flächeninhalt des farbigen Kreisausschnitts:

$A = \frac{1}{4} \cdot 201{,}06 \approx 50{,}27$

Der Flächeninhalt des Kreisausschnitts beträgt ungefähr 50,3 cm².

Kreisring

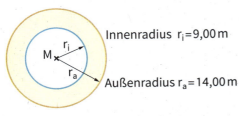

Innenradius $r_i = 9{,}00$ m
Außenradius $r_a = 14{,}00$ m

Flächeninhalt des Außenkreises:
$A = \pi \cdot r_a^2 = \pi \cdot 14{,}00^2 \approx 615{,}75$

Flächeninhalt des Innenkreises:
$A = \pi \cdot r_i^2 = \pi \cdot 9{,}00^2 \approx 254{,}47$

Flächeninhalt des farbigen Kreisringes:
$A = 615{,}75 - 254{,}47 = 361{,}28$

Der Flächeninhalt beträgt ungefähr 361,3 cm².

1 Berechne den Umfang und den Flächeninhalt des Kreises. Runde dein Ergebnis auf zwei Stellen nach dem Komma.
a) r = 6,5 cm b) d = 8,4 m c) r = 230 m d) d = 0,7 m

2 Berechne anhand der Abbildung die Größe der Tischdecke.

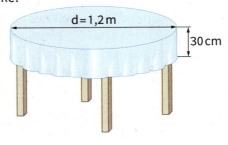

3 Die Räder eines Fahrrades haben jeweils einen Außendurchmesser von 620 mm.
a) Wie lang ist der Weg, den man mit einer Radumdrehung zurücklegt?
b) Leni legt mit ihrem Fahrrad eine Strecke von 16 km zurück. Wie viele Umdrehungen macht dabei jedes Rad?

4 Berechne den Inhalt der farbig markierten Fläche.

a) 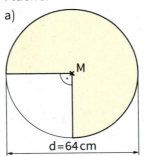   b)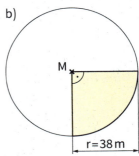

c) 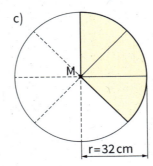   d)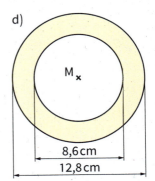

e)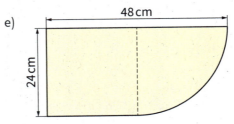

Quader und Würfel

Raumeinheiten

Die Umwandlungszahl für Raumeinheiten ist 1000.

$5\ m^3 = 5000\ dm^3$ $\qquad$ $48000\ mm^3 = 48\ cm^3$
$3,5\ dm^3 = 3500\ cm^3$ $\qquad$ $280\ dm^3 = 0,280\ m^3$

Das Volumen von Gefäßen, die Flüssigkeiten enthalten, wird oft in Liter (l), Zentiliter (cl) und Milliliter (ml) ausgedrückt. Bei größeren Volumina verwendet man auch Hektoliter (hl).

$1\ l$ (Liter) = 1000 ml (Milliliter)
$1\ l$ (Liter) = 100 cl (Zentiliter)
1 hl (Hektoliter) = 100 l (Liter)
$1\ l = 1\ dm^3$ $\qquad$ **$1\ ml = 1\ cm^3$**

Quader

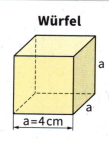

Volumen: $V = a \cdot b \cdot c$
$\qquad V = 5 \cdot 4 \cdot 3 = 60$
Das Volumen beträgt $60\ cm^3$.

Oberflächeninhalt:
$\qquad O = 2ab + 2ac + 2bc$
$\qquad O = 2 \cdot 5 \cdot 4 + 2 \cdot 5 \cdot 3 + 2 \cdot 4 \cdot 3 = 94$
Der Oberflächeninhalt beträgt $94\ cm^2$.

Würfel

Volumen: $V = a^3$
$\qquad V = 4^3 = 64$
Das Volumen beträgt $64\ cm^3$.

Oberflächeninhalt:
$\qquad O = 6a^2$
$\qquad O = 6 \cdot 4^2 = 96$
Der Oberflächeninhalt beträgt $96\ cm^2$.

---

1 Wandle in die Einheit um, die in Klammern steht.
a) $7\ dm^3$ (cm^3) $\qquad$ b) $0,5\ m^3$ (dm^3) $\qquad$ c) $8\ dm^3$ (l)
$\quad 12\,000\ dm^3$ (m^3) $\qquad 1200\ dm^3$ (m^3) $\qquad 4,5\ hl$ (l)
$\quad 65\ cm^3$ (mm^3) $\qquad 4500\ ml$ (l) $\qquad 650\ cl$ (l)

2 Berechne das Volumen und den Oberflächeninhalt des Körpers.

a) 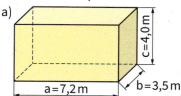 b)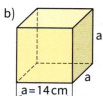

3 Aus welchem Netz kannst du einen geschlossenen Quader bauen?

A 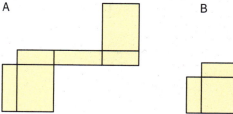 B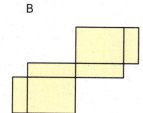

4 Bei einem Spielwürfel beträgt die Summe der Augenzahlen auf zwei gegenüberliegenden Flächen sieben. Ergänze im Heft die Augenzahlen.

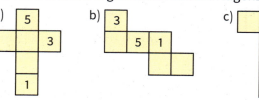

5 Paula will das Kantenmodell eines Quaders aus Draht bauen. Der Quader soll 9 cm lang, 6 cm breit und 4 cm hoch werden. Wie viel Zentimeter Draht braucht sie mindestens für das Modell?

6 Ein Aquarium ist innen 160 cm lang, 60 cm breit und 105 cm hoch. Das Aquarium wird bis 10 cm unter dem Rand mit Wasser gefüllt. Wie viel Liter Wasser wurden eingefüllt?

7 Berechne das Volumen des Körpers. Zerlege dazu den Körper in geeignete Quader.

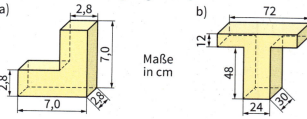

Maße in cm

Prisma

Prisma

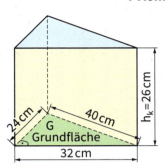

Grundfläche: rechtwinkliges Dreieck

Volumen:

1. Inhalt der Grundfläche

   $G = \frac{g \cdot h}{2}$

   $G = \frac{32 \cdot 24}{2} = 384$

   Der Inhalt der Grundfläche beträgt 384 cm².

2. Volumen des Prismas

   $V = G \cdot h_k$

   $V = 384 \cdot 26 = 9984$

   Das Volumen des Prismas beträgt 9984 cm³.

Netz des Prismas:

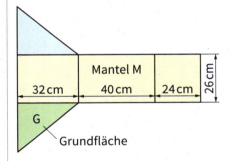

Oberflächeninhalt:

1. Inhalt der Grundfläche

   $G = \frac{g \cdot h}{2} = \frac{32 \cdot 24}{2} = 384$

   Der Inhalt der Grundfläche beträgt 384 cm³.

2. Flächeninhalt des Mantels

   $M = u \cdot h_k$

   $M = (32 + 40 + 24) \cdot 26 = 96 \cdot 26 = 2496$

   Der Inhalt des Mantels beträgt 2496 cm².

3. Oberflächeninhalt des Prismas

   $O = 2 \cdot G + M$

   $O = 2 \cdot 384 + 2496 = 3264$

   Der Oberflächeninhalt des Prismas beträgt 3264 cm².

1 Berechne das Volumen des Prismas.

a) b)

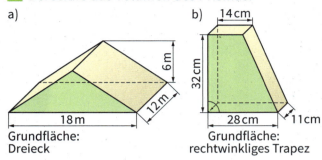

Grundfläche: Dreieck

Grundfläche: rechtwinkliges Trapez

2 Die Abbildung zeigt das Netz eines Prismas. Berechne den Oberflächeninhalt des Prismas.

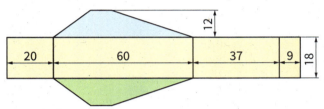

Maße in cm

3 a) Zeichne ein maßstabsgetreues Netz des abgebildeten Prismas.

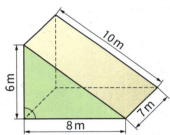

b) Berechne den Oberflächeninhalt und das Volumen des Prismas.

4 Die voraussichtlichen Baukosten eines Hauses werden anhand des umbauten Raumes (Volumen des Gebäudes) bestimmt. Für einen Kubikmeter wird mit 300 € gerechnet.

a) b)

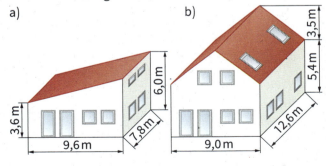

Zylinder

Zylinder

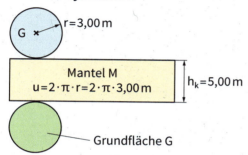

Volumen: $V = G \cdot h_k$
$V = \pi \cdot r^2 \cdot h_k$
$V = \pi \cdot 3{,}00^2 \cdot 5{,}00 \approx 141{,}37$

Das Volumen des Zylinders beträgt ungefähr $V \approx 141 \, m^3$.

Netz des Zylinders:

Oberflächeninhalt:
1. Inhalt der Grundfläche
   $G = \pi \cdot r^2 = \pi \cdot 3{,}00^2$
   $G = 28{,}27$
   Der Inhalt der Grundfläche beträgt ungefähr $28{,}3 \, m^2$.
2. Flächeninhalt des Mantels
   $M = 2 \cdot \pi \cdot r \cdot h_k$
   $M = 2 \cdot \pi \cdot 3{,}00 \cdot 5{,}00$
   $M = 94{,}25$
   Der Flächeninhalt des Mantels beträgt ungefähr $94{,}3 \, m^2$.
3. Oberflächeninhalt des Zylinders
   $O = 2 \cdot G + M$
   $O \approx 2 \cdot \pi \cdot r^2 + 2 \cdot \pi \cdot r \cdot h_k$
   $O \approx 2 \cdot 28{,}3 + 94{,}3 \approx 150{,}9$
   Der Oberflächeninhalt des Zylinders beträgt ungefähr $151 \, m^2$.

Masse:
Material des Zylinders: Holz
Dichte von Holz: $\rho = 0{,}7 \, \frac{g}{cm^3}$
$m = V \cdot \rho$
$m = 141{,}37 \cdot 0{,}7$
$m \approx 98{,}95$

Die Masse des Zylinders beträgt ungefähr 99,0 g.

---

1 Berechne das Volumen, den Flächeninhalt des Mantels und den Oberflächeninhalt des Zylinders.

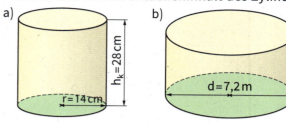

2 Die Abbildung zeigt das Netz eines Zylinders. Berechne den Oberflächeninhalt des Zylinders.

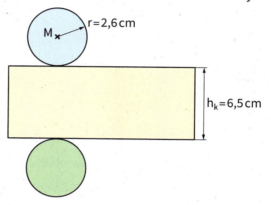

3 a) Das Fassungsvermögen der abgebildeten Konservendose wird mit 360 ml angegeben. Überprüfe diese Angabe durch eine Rechnung.

b) Eine Firma wird beauftragt, für 100 000 Dosen jeweils einen Papiermantel anzufertigen. Wie viel Quadratmeter Papier müssen insgesamt bedruckt werden?

4 Berechne die Masse des abgebildeten Körpers.
a) Gold: $\rho = 19{,}3 \, \frac{g}{cm^3}$
b) Blei: $\rho = 11{,}3 \, \frac{g}{cm^3}$

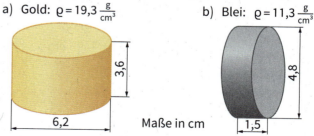

Maße in cm

Pyramide

Quadratische Pyramide

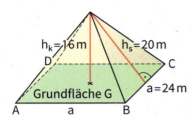

Volumen:

1. Inhalt der Grundfläche
   $G = a^2$
   $G = 24^2 = 576$
   Der Inhalt der Grundfläche beträgt 576 m².

2. Volumen der Pyramide
   $V = \frac{1}{3} \cdot G \cdot h_k$
   $V = \frac{1}{3} \cdot 576 \cdot 16 = 3072$
   Das Volumen der Pyramide beträgt 3072 m³.

Netz der Pyramide:

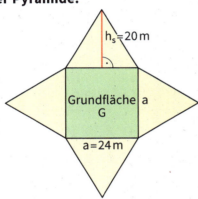

Oberflächeninhalt:

1. Inhalt der Grundfläche
   $G = a^2$
   $G = 24^2 = 576$
   Der Inhalt der Grundfläche beträgt 576 m².

2. Flächeninhalt des Mantels
   $M = 4 \cdot \frac{a \cdot h_s}{2}$
   $M = 4 \cdot \frac{24 \cdot 20}{2} = 960$
   Der Flächeninhalt des Mantels beträgt 960 m².

3. Oberflächeninhalt der Pyramide
   $O = G + M$
   $O = 576 + 960 = 1536$
   Der Oberflächeninhalt der Pyramide beträgt 1536 m².

1 Berechne das Volumen der Pyramide.

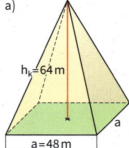

2 In der Abbildung siehst du das Netz einer Pyramide. Berechne den Oberflächeninhalt der Pyramide.

a) $a = 12{,}0$ cm
$h_s = 8{,}0$ cm

b) $a = 2{,}0$ cm
$b = 6{,}4$ cm
$h_a = 4{,}0$ cm
$h_b = 2{,}6$ cm

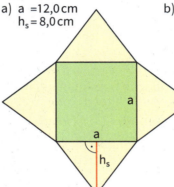
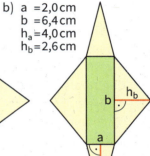

3 Berechne das Volumen und den Oberflächeninhalt der Pyramide.

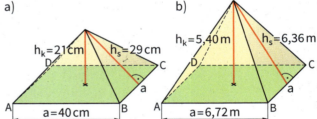

4 Die Grundfläche einer 3,2 cm hohen Pyramide ist ein gleichseitiges Dreieck ABC mit c = 8,2 cm und $h_c = 7{,}1$ cm. Die Höhe h_s einer dreieckigen Seitenfläche beträgt 4,0 cm.
Bestimme das Volumen und den Oberflächeninhalt der Pyramide.

5 Die Grundfläche eines pyramidenförmigen Daches ist ein Quadrat. Der Umfang der Grundfläche beträgt 43,20 m. Die Seitenhöhe einer dreieckigen Dachfläche ist 7,05 m lang.
Der Dachdecker rechnet für das Eindecken der Dachfläche mit 14 Ziegeln pro Quadratmeter. Ein Ziegel kostet 1,06 €.

Kegel und Kugel

Kegel

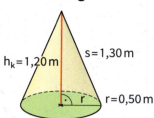

Volumen:
$V = \frac{1}{3} \cdot G \cdot h_k$
$V = \frac{1}{3} \cdot \pi \cdot r^2 \cdot h_k$
$V = \frac{1}{3} \cdot \pi \cdot 0{,}50^2 \cdot 1{,}20 \approx 0{,}314$

Das Volumen des Kegels beträgt ungefähr 0,31 m³.

Oberflächeninhalt:
1. Inhalt der Grundfläche
   $G = \pi \cdot r^2 = \pi \cdot 0{,}50^2 \approx 0{,}785$
   Der Inhalt der Grundfläche beträgt ungefähr 0,79 m².
2. Flächeninhalt des Mantels
   $M = \pi \cdot r \cdot s = \pi \cdot 0{,}50 \cdot 1{,}30 \approx 2{,}042$
   Der Flächeninhalt des Mantels beträgt ungefähr 2,04 m².
3. Oberflächeninhalt des Kegels
   $O = G + M$
   $O = \pi \cdot r^2 + \pi \cdot r \cdot s$
   $O \approx 0{,}79 + 2{,}04 \approx 2{,}83$
   Der Oberflächeninhalt des Kegels beträgt ungefähr 2,83 m².

Kugel

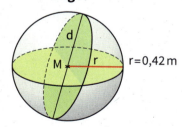

Volumen: $V = \frac{4}{3} \cdot \pi \cdot r^3 = \frac{4}{3} \cdot \pi \cdot 0{,}42^3 \approx 0{,}310$
Das Volumen beträgt ungefähr 0,31 m³.

Oberflächeninhalt:
$O = 4 \cdot \pi \cdot r^2 = 4 \cdot \pi \cdot 0{,}42^2 \approx 2{,}217$

Der Oberflächeninhalt beträgt ungefähr 2,22 m².

---

1 Bestimme das Volumen, den Flächeninhalt des Mantels und den Oberflächeninhalt des Kegels.

a) b)

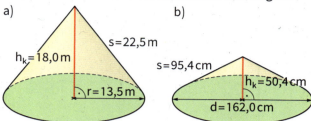

2 In der Abbildung siehst du das Netz eines 6,0 cm hohen Kegels. Berechne das Volumen, den Flächeninhalt des Mantels und den Oberflächeninhalt des Kegels.

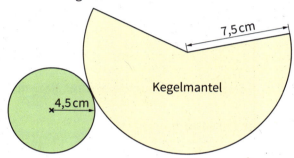

3 Berechne die Masse des abgebildeten Körpers. Der Körper besteht aus Blei. Ein Kubikzentimeter Blei hat eine Masse von 11,3 g.

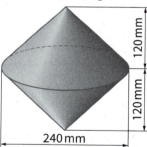

4 Berechne das Volumen und den Oberflächeninhalt der Kugel.
a) r = 24 cm
b) d = 0,76 dm

5 Wie viele Quadratzentimeter Blech werden für die Herstellung des abgebildeten Behälters benötigt?

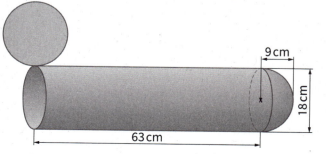

58

Maßstäbliches Vergrößern und Verkleinern

Vergrößern eines Rechtecks im Maßstab 2 : 1

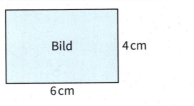

Maßstab 2 : 1	
Bild	Original
3 cm · 2 = 6 cm	3 cm
2 cm · 2 = 4 cm	2 cm

Verkleinern eines Rechtecks im Maßstab 1 : 3

Maßstab 1 : 3	
Bild	Original
6 cm : 3 = 2 cm	6 cm
3 cm : 3 = 1 cm	3 cm

Maßstab bestimmen

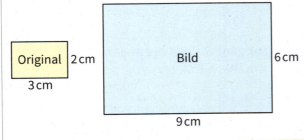

Bild	Original	Maßstab
9 cm	3 cm	9 : 3 = 3 : 1
6 cm	2 cm	6 : 2 = 3 : 1

Das Original wurde im Maßstab 3 : 1 vergrößert.

1 Übertrage die Figur in dein Heft und fertige eine zweite Zeichnung im angegebenen Maßstab an.

a) Maßstab 1 : 2   b) Maßstab 3 : 1
c) Maßstab 4 : 1   d) Maßstab 1 : 3

2 Der Porsche 901 aus dem Jahr 1964 hat eine Länge von 4163 mm.

Bestimme die Länge des Modells im Maßstab 1 : 18.

3 Ein 4 cm langes und 3 cm breites Rechteck wird im Maßstab 6 : 1 vergrößert. Bestimme den Flächeninhalt des vergrößerten Rechtecks.

4 Die Figur B ist durch eine maßstäbliche Abbildung aus der Figur A hervorgegangen. Bestimme den Maßstab.

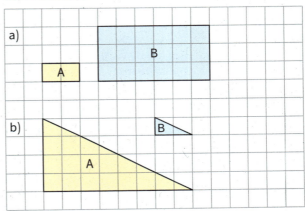

Satz des Pythagoras

Rechtwinklige Dreiecke

In jedem rechtwinkligen Dreieck heißen die Schenkel des rechten Winkels Katheten. Die dritte Seite heißt Hypotenuse. Sie liegt dem rechten Winkel gegenüber und ist die längste Seite.

Der Satz des Pythagoras

In jedem rechtwinkligen Dreieck haben die beiden Kathetenquadrate zusammen den gleichen Flächeninhalt wie das Hypotenusenquadrat.

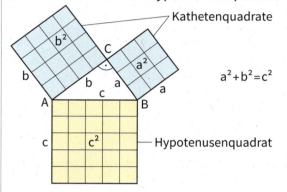

Berechnung der Hypotenuse

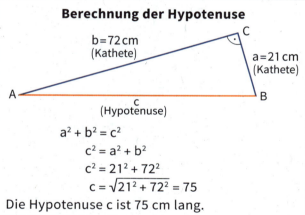

$a^2 + b^2 = c^2$
$c^2 = a^2 + b^2$
$c^2 = 21^2 + 72^2$
$c = \sqrt{21^2 + 72^2} = 75$

Die Hypotenuse c ist 75 cm lang.

Berechnung einer Kathete

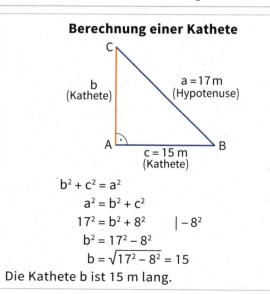

$b^2 + c^2 = a^2$
$a^2 = b^2 + c^2$
$17^2 = b^2 + 8^2 \quad | -8^2$
$b^2 = 17^2 - 8^2$
$b = \sqrt{17^2 - 8^2} = 15$

Die Kathete b ist 15 m lang.

1 Formuliere den Satz des Pythagoras als Gleichung. Bestimme dazu zunächst in dem abgebildeten Dreieck die Lage des rechten Winkels.

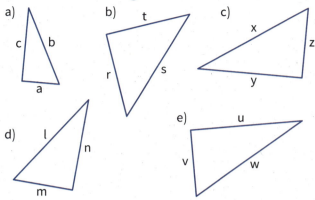

2 Berechne die Länge der Hypotenuse.

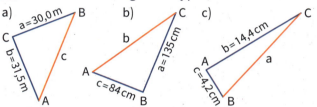

3 Berechne die Länge der rot markierten Kathete.

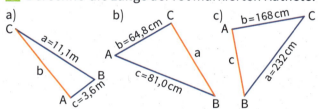

4 Berechne die fehlende Seitenlänge in dem Dreieck ABC. Fertige eine Planfigur an.

a)	b)	c)	d)
b = 20,8 m	a = 5,5 cm	b = 10,5 m	a = 36,0 cm
c = 15,6 m	c = 13,2 cm	c = 14,5 m	b = 40,8 cm
α = 90°	β = 90°	γ = 90°	β = 90°

5 Ein Fußgänger läuft wie abgebildet über den Rasen. Um wie viel Meter verkürzt sich dadurch sein Weg?

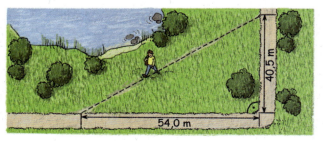

Urliste, Strichliste und Häufigkeitstabellen

Bei **statistischen Untersuchungen** werden **Daten** durch Befragung, Beobachtung oder Experiment gesammelt. Die in einer **Urliste** gesammelten Daten können mithilfe einer **Strichliste** geordnet und dann in einer **Häufigkeitstabelle** dargestellt werden.

Urliste, Strichliste, Häufigkeitstabelle

Schüler wurden nach ihrem Alter befragt.

Urliste

Lebensalter (Jahre)
13 14 14 13 15 14
16 15 14 13

Strichliste

13	III
14	IIII
15	II
16	I

Die **relative Häufigkeit** jedes Ergebnisses gibt den **Anteil** der Versuche mit diesem Ergebnis an.

relative Häufigkeit = $\frac{\text{absolute Häufigkeit}}{\text{Anzahl der Daten}}$

relative Häufigkeit für das Ergebnis 13 Jahre: ☐

absolute Häufigkeit für 13 Jahre: 3

Anzahl der Daten: 10

relative Häufigkeit für 13 Jahre: $\frac{3}{10} = 0{,}3 = 30\,\%$

Häufigkeitstabelle

Alter	absolute Häufigkeit	relative Häufigkeit		
		Bruch	Dezimalzahl	Prozent
13	3	$\frac{3}{10}$	0,3	30 %
14	4	$\frac{4}{10}$	0,4	40 %
15	2	$\frac{2}{10}$	0,2	20 %
16	1	$\frac{1}{10}$	0,1	10 %
Summe	10	$\frac{10}{10}$	1	100 %

1 Bei einer Umfrage wurden Schülerinnen und Schüler unter anderem nach ihrem Lebensalter befragt.

Urliste

16 17 16 15 15 16 16 17 18 15 16
16 15 16 17 16 15 17 16 16

Lege zunächst eine Strichliste, dann eine Häufigkeitstabelle an. Berechne die relativen Häufigkeiten als Dezimalzahl und in Prozent.

2 In der Häufigkeitstabelle sind die Antworten auf die Frage „Welches ist dein Lieblingsfach" zusammengefasst.

Lieblingsfach	absolute Häufigkeit
Mathematik	9
Deutsch	4
Englisch	2
Technik	9
Naturwissenschaften	8
Hauswirtschaft	4
Sport	14
Summe	

Berechne die relativen Häufigkeiten als Dezimalzahl und in Prozent.

3 a) Ordne die in einer Umfrage gesammelten Daten mithilfe einer Strichliste.

Anzahl der Personen in einem Haushalt
4 4 6 3 2 3 4 2 2 5
4 5 2 3 3 2 4 6 7 8

b) Trage die absoluten Häufigkeiten der Anzahlen in eine Häufigkeitstabelle ein und berechne die relativen Häufigkeiten als Bruch, als Dezimalzahl und in Prozent.

4 Leonie hat mehrere Male gewürfelt und die Ergebnisse in einer Häufigkeitstabelle zusammengefasst.

Augenzahl	absolute Häufigkeit	relative Häufigkeit
1	20	
2	17	
3	15	
4	16	
5	18	
6	14	

Berechne die relativen Häufigkeiten in Prozent.

Diagramme

Daten können in verschiedenen Diagrammformen grafisch dargestellt werden.

Wahlergebnisse

| CDU 40 % | SPD 35 % | Grüne 10 % |
| FDP 8 % | Linke 5 % | Sonst. 2 % |

Säulendiagramm

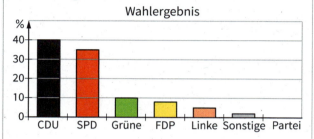

Balkendiagramm

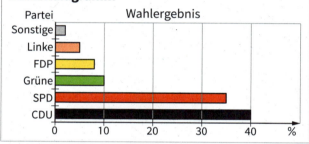

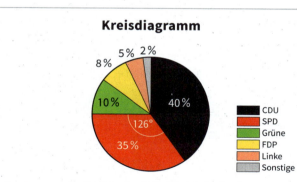

Kreisausschnitt für das Wahlergebnis der SPD
Zugehöriger Winkel:

$360° \cdot \frac{35}{100} = 360° \cdot 0{,}35 = 126°$

Streifendiagramm

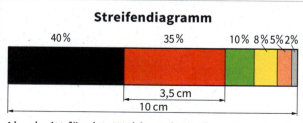

Abschnitt für das Wahlergebnis der SPD
Länge des Abschnitts:

$10 \text{ cm} \cdot \frac{35}{100} = 10 \text{ cm} \cdot 0{,}35 = 3{,}5 \text{ cm}$

1 Jugendliche wurden befragt, welche Sendungen sie am liebsten im Fernsehen schauen.

Genre	abs. Häufigkeit
Castingshow	21
Soap	23
Krimi	8
Science-Fiction	13
Trickfilm	10
Summe	

a) Berechne die relativen Häufigkeiten in Prozent.
b) Stelle das Ergebnis der Befragung in einem Balkendiagramm dar.
c) Stelle das Ergebnis in einem Kreisdiagramm (Radius 4 cm) dar.

2 Die Tabelle zeigt den Notenspiegel der letzten Englischarbeit.

1	2	3	4	5	6
1	6	6	10	2	0

a) Berechne die relativen Häufigkeiten in Prozent.
b) Stelle die Tabelle in einem Streifendiagramm (Länge 10 cm) dar.

3 Das Statistische Bundesamt hat die monatlichen Konsumausgaben privater Haushalte für Getränke, Tabakwaren und Lebensmittel im Jahr 2015 in einem Kreisdiagramm dargestellt.
a) Was bedeutet der Wert in der Mitte des Kreisdiagramms?
b) Wie viel Euro haben Familien pro Monat für Nahrungsmittel ausgegeben?

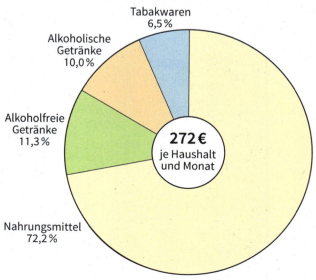

Diagramme

In einer zehnten Klasse wurden die Schülerinnen und Schüler nach ihrer Körpergröße gefragt. Die Daten wurden in einer Urliste gesammelt und anschließend in einem Histogramm und in einem Stängel-und-Blätter-Diagramm dargestellt.

Urliste

Körpergröße (cm)
153 176 157 187 191 162 162 164 167
166 173 169 170 171 151 173 175 186
178 180 185 185 176

Sind die bei einer statistischen Untersuchung gesammelten Daten Messwerte, ist oft eine Klasseneinteilung sinnvoll.

Körpergröße	absolute Häufigkeit
von 150 bis unter 160	3
von 160 bis unter 170	6
von 170 bis unter 180	8
von 180 bis unter 190	5
von 190 bis unter 200	1

Histogramm

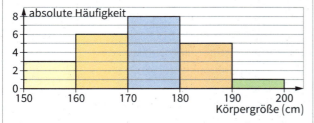

Bei gleich breiten Klassen entspricht die Rechteckhöhe den absoluten oder relativen Häufigkeiten.

Stängel-und-Blätter-Diagramm

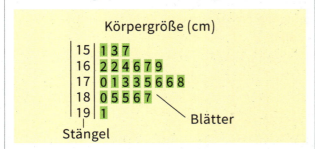

In den Stängel werden die Hunderter- und Zehnerziffern geschrieben. In den Blättern befinden sich die Einerziffern.

4 Schülerinnen wurden gefragt, wie viel Zeit sie täglich vor dem Fernseher verbringen. Die Ergebnisse wurden in einem Histogramm veranschaulicht.

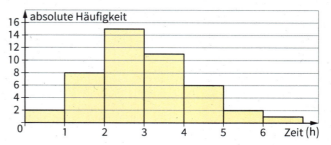

a) Wie viele Schülerinnen verbringen zwischen ein und zwei Stunden vor dem Fernseher?
b) Wie viele Schülerinnen verbringen mehr als vier Stunden mit Fernsehen?
c) Wie viele Stunden verbringen die meisten Schülerinnen vor dem Fernseher?

5 Die Mädchen der Klasse 10a haben die Ergebnisse ihres 100-m-Laufs in einem Stängel-und-Blätter-Diagramm dargestellt.

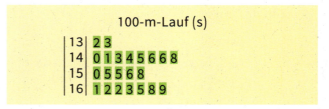

Dazu haben sie die vollen Sekunden in den Stängel und die Zehntelsekunden in die Blätter geschrieben.
a) Gib die schnellste (die langsamste) Zeit an.
b) Warum erscheinen bei der Sekundenangabe 14 zwei Blätter mit der Ziffer 6?
c) Wie viele Schülerinnen haben eine Zeit unter 14 Sekunden erreicht?

6 Welche Informationen kannst du dem Diagramm entnehmen?

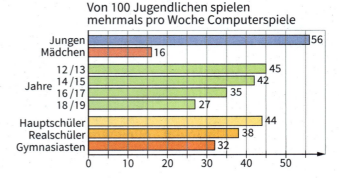

Mittelwerte und Spannweite

Ein Läufer hat über einen längeren Zeitraum alle Zeiten notiert, die er beim 100-m-Lauf erreicht hat.

Urliste

Zeiten (s)
14,6 14,9 14,8 14,7 13,6 14,2 14,7

Arithmetisches Mittel $\bar{x}$:

arithmetisches Mittel = $\dfrac{\text{Summe aller Daten}}{\text{Anzahl der Daten}}$

$\bar{x} = \dfrac{14{,}6 + 14{,}9 + 14{,}8 + 14{,}7 + 13{,}6 + 14{,}2 + 14{,}7}{7}$

$\bar{x} = 14{,}5$

Median $\tilde{x}$:
Geordnete Urliste:

Zeiten (s)
13,6 14,2 14,6 ⎡14,7⎤ 14,7 14,8 14,9

$\tilde{x} = 14{,}7$

Bei einer **ungeraden** Anzahl von Daten ist der Median der mittlere Wert in der geordneten Urliste.

Geordnete Urliste:

Zeiten (s)
13,6 14,0 14,2 14,6 ⎡14,7 14,8⎤ 14,8
14,9 14,9 14,9

$\tilde{x} = \dfrac{14{,}7 + 14{,}8}{2} = 14{,}75$

Bei einer **geraden** Anzahl von Daten ist der Median das arithmetische Mittel der beiden mittleren Werte der geordneten Urliste.

$\tilde{x} = \dfrac{14{,}7 + 14{,}8}{2} = 14{,}75$

Insbesondere bei statistischen Untersuchungen mit stark abweichenden Werten (Ausreißern) ist es sinnvoll als Mittelwert den Median zu wählen.

Das Maximum gibt den größten Wert der Stichprobe an.
Maximum: 14,9
Das Minimum gibt den kleinsten Wert der Stichprobe an.
Minimum: 13,6
Die Spannweite ist die Differenz zwischen Maximum und Minimum.
Spannweite = Maximum – Minimum
Spannweite: 14,9 – 13,6 = 1,3

---

1 Berechne das arithmetische Mittel und den Median bei folgenden Stichproben:
a) 12 23 11 13 9 14 15   (s)
b) 3,4 5,7 3,8 0 4,2 4,6   (cm)
c) 120 118 119 120 40 119   (€)

2 Anton hat an elf Tagen die Zeitdauer aufgeschrieben, die er für seine Hausaufgaben benötigt hat.

Dauer der Hausaufgaben (min)
37 42 45 39 33 78 51 47 48 50 42

a) Berechne das arithmetische Mittel und den Median.
b) Welcher Mittelwert kennzeichnet die Dauer der Hausaufgaben besser?

3 Jungen im Alter von 13 bis 17 Jahren wurden befragt, wie viel Zeit sie täglich mit Computerspielen verbringen.
Die von ihnen genannten täglichen Zeiten wurden in einer Urliste notiert:

tägliche Spieldauer (h)
1,5 2 0 0,5 3 1 0 1,5 0,5
0 1,5 0,5 0 4 1,5 2 0 2
1 0 1,5 1 0,5 0 3

a) Wie viele Jungen wurden befragt?
b) Berechne das arithmetische Mittel und den Median.
c) Berechne Maximum, Minimum und die Spannweite.

4 Schülerinnen und Schüler einer 6. Klasse wurden befragt, wie viele Bücher sie gelesen haben. Das Ergebnis wurde in einem Säulendiagramm dargestellt.
Berechne das arithmetische Mittel und den Median.

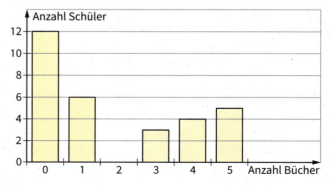

Statistische Darstellungen beurteilen

Nutzung sozialer Netzwerke 2014
Prozentzahlen nach Altersgruppen

64% jünger als 35 Jahre
29% 35–54 Jahre
7% älter als 54 Jahre

Werden die Figuren hintereinander angeordnet, entsteht ein räumlicher Eindruck. Kleinere Figuren im Hintergrund wirken dabei so groß wie größere Figuren im Vordergrund.

Lkw-Verkehr hat drastisch zugenommen!

2000: 1,8 Mio.
2017: 2,9 Mio.

Es wirkt immer die Fläche der Figur. Die Häufigkeit muss deshalb dem Flächeninhalt entsprechen, nicht der Höhe.

Wahlbeteiligung bei Bundestagswahlen 1972 bis 2017

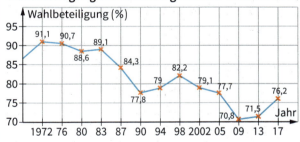

Werden Sockelbeträge weggelassen, wirken kleine Unterschiede viel größer.

Passagiere auf deutschen Flughäfen

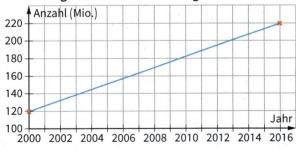

Verbindet man einzelne Punkte, entsteht der Eindruck, als ob auch Zwischenwerte möglich sind.

1 Beurteile die grafischen Darstellungen. Beachte die Hinweise in der linken Spalte.

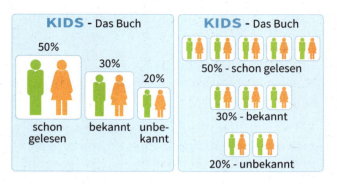

KIDS - Das Buch
50% schon gelesen
30% bekannt
20% unbekannt

KIDS - Das Buch
50% - schon gelesen
30% - bekannt
20% - unbekannt

Regelmäßiger Alkoholkonsum bei Jugendlichen rückläufig

Anteil der 12- bis 17-Jährigen, die mindestens einmal in der Woche Alkohol trinken.

2008: 21%
2016: 10%

Jugendliche, die am Computer spielen
täglich oder mehrmals pro Woche

Hauptschüler, Realschüler, Gymnasiasten

Nutzer des sozialen Netzwerks bookface – Find me there.

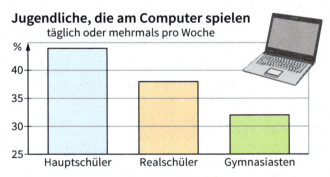

Anzahl (Mio.)
2013: 25
2014: 26
2015: 27
2016: 28
2017: ~29,5

Smartphonenutzung 2015

jünger als 35 Jahre: 93%
35 bis 55 Jahre: 75%
älter als 55 Jahre: 39%

Zufallsexperimente

Versuche, bei denen sich die Ergebnisse nicht sicher vorhersagen lassen, sondern zufällig zustande kommen, heißen **Zufallsexperimente**.

Zufallsexperiment:
Drehen eines Glücksrades
Mögliche Ergebnisse:
gelb, blau, rot.

Bei einem Zufallsexperiment wird die **erwartete relative Häufigkeit** eines Ergebnisses die **Wahrscheinlichkeit P** des Ergebnisses genannt.
Ergebnis: gelb
Anteil der gelben Kreisausschnitte: $\frac{3}{8}$
Wahrscheinlichkeit P (gelb) = $\frac{3}{8}$

Die Wahrscheinlichkeit P lässt sich oft mithilfe eines **Anteils** bestimmen.

Zufallsexperiment:
Ziehen einer Kugel aus einer Urne

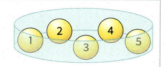

Ergebnisse: 1, 2, 3, 4, 5

$P(1) = P(2) = P(3) = P(4) = P(5) = \frac{1}{5} = 0{,}2 = 20\,\%$

Sind bei einem Zufallsexperiment alle Ergebnisse gleichwahrscheinlich, so beträgt die Wahrscheinlichkeit für jedes Ergebnis:

$$P\text{ Ergebnis} = \frac{1}{\text{Anzahl aller Ergebnisse}}$$

Können Wahrscheinlichkeiten nicht mithilfe geeigneter Anteile bestimmt werden, betrachtet man bereits erfolgte Durchführungen des Zufallsexperiments.
Als Schätzwert für die Wahrscheinlichkeit wird dann die vorher ermittelte relative Häufigkeit des Ergebnisses genommen.

1000 PKW wurden auf Mängel untersucht.

Ergebnis	absolute Häufigkeit
keine Mängel	815
leichte Mängel	154
schwere Mängel	31

P (leichte Mängel) = $\frac{154}{1000}$ = 0,154 = 15,4 %

Die Wahrscheinlichkeit, dass ein zufällig ausgewähltes Fahrzeug leichte Mängel hat, beträgt 15,4 %.

1 In einer Urne befinden sich 49 Kugeln, die mit den Zahlen von 1 bis 49 beschriftet sind.
Wie groß ist die Wahrscheinlichkeit, die Kugel mit der Aufschrift 19 zu ziehen?

2 Bei einem Glücksrad gewinnt „Weiß". Berechne jeweils die Wahrscheinlichkeit für einen Gewinn.

a) b) c)

3 Berechne die Wahrscheinlichkeit, eine Kugel mit einer „2" zu ziehen.

4 In der Klasse 10c kommen zwölf Schülerinnen und Schüler mit dem Fahrrad, fünf mit dem Motorroller und sechs mit dem Bus zur Schule. Die restlichen zwei gehen zu Fuß.
Wie groß ist die Wahrscheinlichkeit, dass ein zufällig ausgewähltes Mitglied der Klasse mit dem Fahrrad kommt?

5 Bei einer Lotterie gibt es 120 Nieten, 79 Gewinnlose und einen Hauptgewinn.
Berechne die Wahrscheinlichkeiten für die Ergebnisse Niete, Gewinn und Hauptgewinn.

6 Berechne bei den folgenden Zufallsexperimenten die Wahrscheinlichkeit für jedes Ergebnis.
Gib die Wahrscheinlichkeit auch in Prozent an.
Runde auf zwei Nachkommastellen.
a) Ein Würfel mit zwei grünen, einer roten und drei blauen Seitenflächen wird einmal geworfen.
b) Aus einer Klasse mit 13 Mädchen und 17 Jungen wird eine Person zufällig ausgewählt.

7 In einer Urne befinden sich blaue und weiße Kugeln. Die Wahrscheinlichkeit, eine blaue Kugel zu ziehen, beträgt 16 %.
Wie viele der insgesamt 50 Kugeln sind weiß?

8 1000 Schulkinder wurden vom Schulzahnarzt untersucht. Bei 415 Kindern wurde Karies festgestellt.
Wie groß ist die Wahrscheinlichkeit, dass ein zufällig ausgewähltes Kind gesunde Zähne hat?
Gib die Wahrscheinlichkeit auch in Prozent an.

Ereignisse bei Zufallsexperimenten

Zufallsexperiment: Ziehen einer Kugel

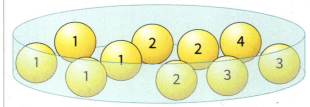

$S = \{1, 2, 3, 4\}$

Die Menge aller möglichen Ergebnisse eines Zufallsexperiments heißt **Ergebnismenge S**.
Ein **Ereignis E** ist eine Teilmenge der Ergebnismenge S.
E_1: Die gezogene Zahl ist kleiner als vier.
$E_1 = \{1, 2, 3\}$
E_2: Die gezogene Zahl ist durch zwei teilbar.
$E_2 = \{2, 4\}$

Du berechnest die Wahrscheinlichkeit eines Ereignisses, indem du die Wahrscheinlichkeiten der zugehörigen Ergebnisse addierst.

$P(E_1) = P(1) + P(2) + P(3)$
$= \frac{4}{10} + \frac{3}{10} + \frac{2}{10} = \frac{9}{10} = 0{,}9 = 90\,\%$

$P(E_2) = P(2) + P(4) = \frac{3}{10} + \frac{1}{10} = \frac{4}{10} = 0{,}4 = 40\,\%$

Sind bei einem Zufallsexperiment alle Ergebnisse gleichwahrscheinlich, so beträgt die Wahrscheinlichkeit für jedes Ereignis E:

$P(E) = \dfrac{\text{Anzahl der günstigen Ergebnisse}}{\text{Anzahl aller Ergebnisse}}$ (Laplace-Regel)

Zufallsexperiment: Würfeln mit einem Sechserwürfel
E_1: Die gewürfelte Zahl ist gerade.
$E_1 = \{2, 4, 6\}$ $S = \{1, 2, 3, 4, 5, 6\}$
Anzahl der günstigen Ergebnisse: 3
Anzahl aller Ergebnisse: 6

$P(E_1) = \frac{3}{6} = \frac{1}{2}$

Das Ereignis E, das nie eintreten kann, wird **unmögliches Ereignis** genannt.
E_2: Es wird eine Zahl größer als 6 gewürfelt.
$E_2 = \{\ \}$ $P(E_2) = 0$

Ein Ereignis E, das immer eintritt, wird **sicheres Ereignis** genannt.
E_3: Die gewürfelte Zahl ist kleiner als 7.
$E_3 = \{1, 2, 3, 4, 5, 6\}$ $P(E_3) = 1$

1 Aus der abgebildeten Urne wird eine Kugel gezogen.

Gib jedes Ereignis als Menge von Ergebnissen an.
E_1: Die Zahl ist durch zwei teilbar.
E_2: Die Zahl ist durch sieben teilbar.
E_3: Die Zahl ist kleiner als 9.
E_4: Die Zahl ist eine Primzahl.

2 Berechne die Wahrscheinlichkeit für das jeweilige Ereignis beim Würfeln mit einem Sechserwürfel.
E_1: Die Augenzahl ist kleiner als sechs.
E_2: Die Augenzahl ist durch drei teilbar.

3 Berechne die Wahrscheinlichkeit für das jeweilige Ereignis beim Glücksrad.
E_1: Eine gerade Ziffer gewinnt.
E_2: Die Ziffer 1 gewinnt.
E_3: Eine Zahl größer als 6 gewinnt.
E_4: Eine Zahl, die durch 3 teilbar ist, gewinnt.

4 In einer Lostrommel sind
25 Lose mit einem Gewinn von je 10 €,
20 Lose mit einem Gewinn von je 5 €,
1 Los mit einem Gewinn von 50 € und
154 Nieten.
Berechne die Wahrscheinlichkeit für das jeweilige Ereignis:
E_1: Es wird ein Gewinnlos gezogen.
E_2: Es wird ein Los mit einem Gewinn von 5 € gezogen.
E_3: Es wird ein Los mit einem Gewinn von mindestens 5 € gezogen.

5 Ein Kartenspiel besteht aus vier Assen, vier Königen, vier Damen, vier Buben, vier 10er-Karten, vier 9er-Karten, vier 8er-Karten und vier 7er-Karten. Es wird eine Karte gezogen.
Berechne die Wahrscheinlichkeit für das folgende Ereignis:
E_1: Es wird eine Karte mit einer Zahl gezogen.
E_2: Es wird eine Bildkarte (Bube, Dame, König) gezogen.

Zahlen und Größen in Texten, Diagrammen und Tabellen

In diesem Abschnitt geht es darum, Informationen aus Texten, Diagrammen und Tabellen zu entnehmen, diese Informationen mit mathematischen Mitteln zu untersuchen und zu bewerten und die Bewertung mit geeigneten Argumenten zu begründen. Dabei kommt es darauf an, den Text, die Tabelle oder das Diagramm genau zu lesen, um die darin enthaltenen Informationen richtig zu erfassen, passende Rechenverfahren für die mathematische Untersuchung auszuwählen und die Ergebnisse der Rechnungen im Hinblick auf die Aufgabenstellung zu beurteilen.

Argumentieren/Kommunizieren

Radarkontrollen der Polizei

In der vergangenen Woche führte die Polizei wieder Geschwindigkeitsmessungen in zahlreichen Wohngebieten durch. Dabei fuhr jeder vierte Autofahrer schneller als die vorgeschriebenen 30 $\frac{km}{h}$. Bei Messungen vor einem Jahr war noch jeder fünfte Autofahrer zu schnell: Erfreulich, dass Tempo 30 in Wohngebieten von den Autofahrern zunehmend akzeptiert wird.

Vergleiche die Ergebnisse der Radarkontrollen und beurteile den letzten Satz des Zeitungsartikels.

Messung der vergangenen Woche:
Jeder vierte Autofahrer fuhr zu schnell. $\frac{1}{4} = \frac{25}{100} = 25\,\%$

Messung des vergangenen Jahres:
Jeder fünfte Autofahrer fuhr zu schnell. $\frac{1}{5} = \frac{20}{100} = 20\,\%$

Der letzte Satz des Zeitungsartikels ist falsch, denn der Prozentsatz der Autofahrer, die zu schnell fuhren, ist gestiegen. Tempo 30 wird nicht stärker, sondern weniger stark akzeptiert.

Der Eiffelturm

Der Eiffelturm ist ein Wahrzeichen der französischen Hauptstadt. Er wurde im Jahr 1889 zum Gedenken an die Revolution von 1789 fertiggestellt. Benannt ist der Turm nach seinem Erbauer, dem Ingenieur Gustave Eiffel.
Um auf einer 124,90 m x 124,90 m großen Grundfläche die 7500 Tonnen schwere Stahlkonstruktion zu errichten, wurden 30 000 Kubikmeter Erde für die Fundamente ausgehoben. In 26 Monaten fügten 3000 Arbeiter 18 000 vorgefertigte Einzelteile mit 2,5 Millionen Nieten zusammen. Die Baukosten betrugen 7 739 401 Francs und waren um 13 % höher als ursprünglich geplant.
Bis 1930 war der Eiffelturm mit einer Höhe von 300 Metern (ohne die später montierte 25 Meter aufragende Antenne) das höchste Bauwerk der Erde.

Entscheide, ob die Aussage wahr oder falsch ist oder ob es zur Aussage keine Angabe im Text gibt.

| 41 Jahre lang war der Eiffelturm das höchste Bauwerk der Erde. | Der Eiffelturm wurde 1889 fertiggestellt und war bis 1930 das höchste Bauwerk der Erde. Das ist ein Zeitraum von 41 Jahren. Die Aussage ist wahr. |

| Der Eiffelturm wurde in weniger als zwei Jahren fertiggestellt. | Der Eiffelturm wurde in 26 Monaten erbaut, das sind zwei Jahre und zwei Monate. Die Aussage ist falsch. |

| Die Grundfläche des Eiffelturms beträgt etwa drei Hektar. | G = 124,9 · 124,9 m² ≈ 15600 m² = 1,56 ha. Die Aussage ist falsch. |

| Die Baukosten des Eiffelturms waren etwa eine Million Francs höher als geplant. | 13 % von 7 739 401 Francs sind 1 006 122,13 Francs, das sind etwa eine Million Francs. Die Aussage ist wahr. |

| Bei gutem Wetter kann man vom Eiffelturm aus 70 km weit schauen. | Hierzu gibt es keine Angabe im Text. |

Zahlen und Größen in Texten, Diagrammen und Tabellen

Das Diagramm stellt die Anzahl der Besucher einer Internetseite in den Jahren 2008 bis 2017 dar.

Begründe die Aussage mithilfe des Diagramms.

Aussage	Begründung
Im Jahr 2015 verzeichnete die Internetseite die größte Besucherzahl.	Dem Jahr 2015 entspricht die höchste Säule.
Im Jahr 2012 gab es im Vergleich zum Vorjahr einen Besucherrückgang.	Die Säule des Jahres 2012 ist niedriger als die des Jahres 2011.
Seit 2010 besuchen regelmäßig mehr als zwei Millionen Besucher die Seite.	Die Säulen der Jahre 2010 bis 2017 sind alle höher als die Zwei-Millionen-Markierung auf der vertikalen Achse.
Von 2012 bis 2015 nahm die Besucherzahl der Seite zu.	Betrachte die Säulen der Jahre 2012 bis 2015. Jede Säule ist höher als die vorangehende.
Im Jahr 2010 war die Steigerung im Vergleich zum Vorjahr am größten.	Vergleiche jeweils den Höhenunterschied von zwei benachbarten Säulen. Dieser Unterschied ist bei den Säulen der Jahre 2009 und 2010 am größten.
Im Jahr 2014 besuchten mehr Internetnutzer die Seite als in den Jahren 2008 und 2009 zusammen.	Die Säule des Jahres 2014 ist höher als die beiden Säulen der Jahre 2008 und 2009 zusammen.

Tim nimmt an einem 5000-Meter-Lauf teil. Ein Zuschauer beschreibt Tims Lauf.

Schon kurz nach dem Start erreicht Tim ein gleichmäßiges Tempo, in dem er fast die gesamte Strecke läuft. Auf den letzten Metern sprintet er dann ins Ziel.

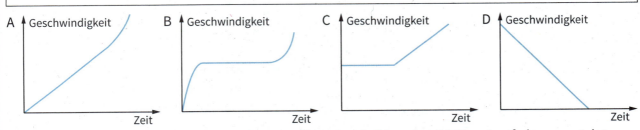

Welcher Graph beschreibt Tims 5000-Meter-Lauf? — Graph B beschreibt Tims Lauf, denn er steigt am Anfang steil an, verläuft dann während der längsten Zeit waagerecht und steigt am Ende noch einmal an.

Begründe, warum Graph D den Lauf nicht beschreibt. — Der Graph fällt während der gesamten Zeit. Er beschreibt einen Läufer, der immer langsamer wird.

Zahlen und Größen in Texten, Diagrammen und Tabellen

Die abgebildeten Graphen stellen die Parkgebühren der einzelnen Parkhäuser dar. Ordne jedem Graphen das richtige Parkhaus zu.

City Parkhaus	Center Parkhaus	Galerie Parkhaus	Marktgarage
1. Stunde 1,00 € 2. Stunde 1,20 € jede weitere angefangene Stunde 1,40 €	jede angefangene Stunde 1,40 €	1. Stunde frei 2. Stunde 1,00 € jede weitere angefangene Stunde 1,40 €	jede angefangene halbe Stunde 0,70 €

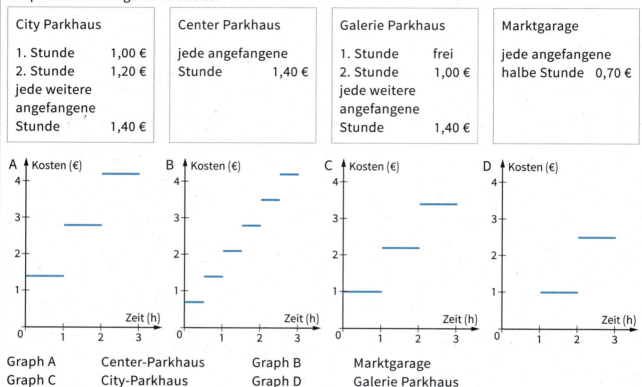

Graph A   Center-Parkhaus   Graph B   Marktgarage
Graph C   City-Parkhaus   Graph D   Galerie Parkhaus

Entscheide jeweils, ob die Aussage wahr oder falsch ist oder ob sich aus der Tabelle keine Angabe zu der Aussage entnehmen lässt. Begründe deine Entscheidung.

Täglicher Wasserverbrauch pro Person (2015)

Körperpflege	49 l	Geschirr spülen	9 l
Toilette	37 l	Pflege Wohnung/Garten	7 l
Waschen	16 l	Kochen/Trinken	5 l

Aussage	Begründung
Im Jahr 2015 betrug der tägliche Wasserverbrauch 123 Liter pro Person.	Addiere alle Angaben. Als Ergebnis erhältst du 123 Liter. Die Aussage ist wahr.
Für das Waschen und Geschirrspülen wurde doppelt so viel Wasser verbraucht wie für das Kochen, Essen und Trinken.	Der Verbrauch für Kochen und Trinken beträgt 5 l, der Verbrauch für Waschen und Geschirrspülen beträgt insgesamt 25 Liter, das ist das Fünffache. Die Aussage ist falsch.
Für die Toilettenspülung werden etwa 30 % des täglichen Wasserverbrauchs benötigt.	30 % von 123 Liter sind 36,9 Liter. Das entspricht etwa dem Wasserverbrauch der Toilettenspülung. Die Aussage ist wahr.
Für die Körperpflege wird mehr als ein Drittel des täglichen Wasserverbrauchs benötigt.	Ein Drittel von 123 Liter sind 41 Liter. Für die Körperpflege werden 49 Liter verwendet, also mehr als ein Drittel des gesamten Verbrauchs. Die Aussage ist wahr.
Der tägliche Wasserverbrauch pro Person ist im Jahr 2010 geringer als im Vorjahr.	Zu dieser Aussage kannst du der Tabelle keine Angabe entnehmen.

Strategien beim Problemlösen

Diese Fragen können dir beim Lösen von Sachproblemen helfen:

- Was ist gesucht? Was weiß ich über das Gesuchte?
- Was kann ich aus dem Gegebenen schließen?
- Welche Werkzeuge kann ich einsetzen?
- Was ist gegeben, was weiß ich über das Gegebene?
- Habe ich ein ähnliches Problem schon einmal gelöst? Gibt es Gemeinsamkeiten oder Unterschiede?
- Welche Fragen kann ich stellen, um weitere Informationen zu erhalten?
- Lässt sich das „Problem" in Teilbereiche aufteilen?
- Gibt es geeignete Vergleiche, um zu einem guten Schätzergebnis zu kommen? Kann ich dazu Messungen vornehmen?
- Lässt sich das Problem durch systematisches Probieren lösen?

Eine Aufgabe – drei Lösungswege

Aufgabe: Kim liest ein Buch, das so spannend ist, dass sie jeden Tag vier Seiten mehr liest als am Vortag. Sie braucht 7 Tage für das Buch, das 196 Seiten hat. Wie viele Seiten hat sie an den einzelnen Tagen gelesen?

1. Lösungsweg

Du kannst die Lösung durch systematisches Probieren finden. Dabei kannst du auch ein Werkzeug (Taschenrechner oder Tabellenkalkulation) einsetzen.

- Schätze eine Seitenzahl für den 1. Tag und berechne die Folgetage.
- Verändere die Seitenzahl für den ersten Tag, bis du zur Lösung kommst.

	A	B	C	D	E
1	Tag	1	13	14	15	16
2		2	17	18	19	20
3		3	21	22	23	24
4		4	25	26	27	28
5		5	29	30	31	32
6		6	33	34	35	36
7		7	37	38	39	40
8	Summe Seiten		175	182	189	196

2. Lösungsweg

Du kannst die Lösung mithilfe einer Gleichung finden.
- Bezeichne die Seitenzahl des 1. Tages mit x.
- Stelle eine Gleichung auf und löse sie.

$$x + x + 4 + x + 8 + x + 12 + x + 16 + x + 20 + x + 24 = 196$$
$$7x + 84 = 196$$
$$7x = 112$$
$$x = 16$$

Am 1. Tag hat Kim 16 Seiten gelesen. Daraus ergibt sich die Lösung:

	1. Tg.	2. Tg.	3. Tg.	4. Tg.	5. Tg.	6. Tg.	7. Tg.
Seiten	16	20	24	28	32	36	40

3. Lösungsweg

Du kannst die Lösung durch geschicktes Schlussfolgern finden.
- Das Buch hat 196 Seiten und Kim liest 7 Tage, also im Durchschnitt 28 Seiten pro Tag.
- Sie muss also am 4. Tag (mittlerer Tag) 28 Seiten gelesen haben.
- Daraus ergibt sich die Lösung:

	1. Tg.	2. Tg.	3. Tg.	4. Tg.	5. Tg.	6. Tg.	7. Tg.
Seiten	16	20	24	28	32	36	40

Strategien beim Problemlösen

Rückwärtsarbeiten

Ein Mann kehrt vom Äpfelpflücken in die Stadt zurück. Dabei muss er 5 Tore passieren, an denen jeweils ein Wächter steht. An jeden Wächter muss er die Hälfte seiner Äpfel und einen weiteren Apfel abgeben. Nachdem er das letzte Tor passiert hat, hat er nur noch einen Apfel übrig. Wie viele Äpfel hat er gepflückt?
Lösung:

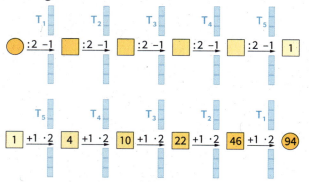

Der Mann hat 94 Äpfel gepflückt.

Systematisches Probieren

Ein Goldschmied hat verschiedene Schmuckstücke eingeschmolzen. Aus der eingeschmolzenen Masse mit dem Volumen von 36 cm³ soll ein Quader hergestellt werden. Welche ganzzahligen Maße könnte der Quader haben?
Lösung:
$V_{Quader} = a \cdot b \cdot c$

a	b	c	v		a	b	c	v	
1	1	36	36	x	2	2	9	36	x
1	2	18	36	x	2	3	6	36	x
1	3	12	36	x	~~2~~	~~6~~	~~3~~	~~36~~	
1	4	9	36	x	~~2~~	~~9~~	~~2~~	~~36~~	
1	6	6	36	x	...	...	...	...	
~~1~~	~~9~~	~~4~~	~~36~~		~~3~~	~~1~~	~~12~~	~~36~~	
~~1~~	~~12~~	~~3~~	~~36~~		~~3~~	~~2~~	~~6~~	~~36~~	
...	...	...			3	3	4	36	x
~~2~~	~~1~~	~~18~~	~~36~~		~~3~~	~~4~~	~~3~~	~~36~~	
					...	...	...	...	
					~~4~~	~~3~~	~~3~~	~~36~~	
					~~6~~	~~1~~	~~6~~	~~36~~	
					...	...	...	...	

Es gibt acht Möglichkeiten.

Zurückführen auf Bekanntes

Berechne das Volumen V der Verpackung.

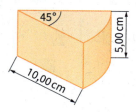

Lösung: Berechne zunächst das Volumen V_Z des Zylinders.

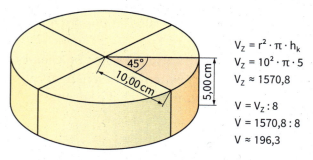

$V_Z = r^2 \cdot \pi \cdot h_k$
$V_Z = 10^2 \cdot \pi \cdot 5$
$V_Z \approx 1570,8$

$V = V_Z : 8$
$V = 1570,8 : 8$
$V \approx 196,3$

Das Volumen der Verpackung beträgt ungefähr 196,3 cm³.

Schätzen und Überschlagen

Bestimme den Umfang des Baumes.

Wahrscheinlich fassen sich 5 Personen an. Die Spannweite der Arme beträgt bei einer großen Person 1,70 m, bei einer kleinen Person 1,50 m. Der Baum hat also einen Umfang von ungefähr 8 m.

Strategien beim Schätzen

Schätzen von Längen durch Vergleichen

Schätze die Größe der Giraffe.

Annahme: Der Mann ist 1,80 m groß.
Die Giraffe ist ungefähr dreimal so groß.
Also ist die Giraffe ungefähr 5,40 m groß.

Schätzen von Längen gekrümmter Linien

Schätze die Länge der Uferlinie.

Zeichne einen Streckenzug, der ungefähr der Uferlinie entspricht. Miss die einzelnen Teilstrecken und beachte den Maßstab.

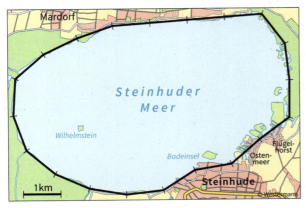

Die Länge der Uferlinie beträgt etwa 20 km.

Schätzen von Flächeninhalten unregelmäßiger Flächen

Schätze den Flächeninhalt der Figur.

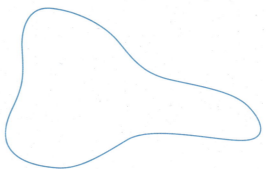

1. Möglichkeit: Zeichne ein Raster (Rasterlänge 1 cm) über die Figur. Zähle die Quadratzentimeter.

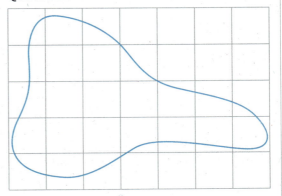

Der Flächeninhalt beträgt etwa 18 cm².

2. Möglichkeit: Zeichne über die Figur Flächen, deren Inhalt du berechnen kannst. Diese Flächen müssen ungefähr der Figur entsprechen.

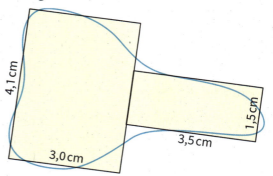

$4{,}1 \cdot 3 = 12{,}3$ $\qquad$ $3{,}5 \cdot 1{,}5 = 5{,}25$
$12{,}3 + 5{,}25 = 17{,}55$
Der Flächeninhalt beträgt ungefähr 18 cm².

Modelle erstellen und nutzen

> **Situationen aus Sachaufgaben in mathematische Modelle übersetzen (Mathematisieren):**
> Beim Modellieren geht es darum, einen Sachverhalt mathematisch zu beschreiben. Das kann zum Beispiel durch einen Term, ein Diagramm oder eine geometrische Figur geschehen. Die mathematische Beschreibung (das mathematische Modell) soll dir helfen, ein Sachproblem zu lösen.
>
> **Die im mathematischen Modell gewonnene Lösung überprüfen (Validieren):**
> Ist die mathematisch gewonnene Lösung auch eine Lösung des Sachproblems, von dem du ausgegangen bist? Muss das Modell eventuell verändert werden?
>
> **Einem mathematischen Modell eine passende Sachsituation zuordnen (Realisieren):**
> Zu einem vorgegebenen Term, einem Diagramm, einer Figur oder einer anderen mathematischen Darstellung lässt sich häufig auch eine zugehörige Sachsituation finden.

Sachsituation – Sachproblem

Anna möchte sich eine Kette kaufen, auf die sie einzelne Kettenglieder aufziehen kann. Die Kette kostet 24 €, jedes Kettenglied 12,50 €.
Anna kann insgesamt 75 € ausgeben.

Eine Jugendgruppe unternimmt eine Fahrradtour. Zeiten und zurückgelegte Strecken werden notiert. Die Gruppe möchte wissen, wie groß die Geschwindigkeiten auf den Streckenabschnitten waren.

Kevin möchte für das Kaninchen seiner kleinen Schwester einen Auslauf bauen. Er kauft vier Stäbe als Pfosten und 10 m Drahtzaun.
Kevin überlegt, wie er den Auslauf aufstellen muss, damit die umzäunte Fläche möglichst groß wird.

mathematisches Modell – Lösung

Wenn die Variable x die Anzahl der Kettenglieder beschreibt, lassen sich die Gesamtkosten mithilfe eines Terms beschreiben:

$24{,}00 + 12{,}50 \cdot x$

Gesucht ist die Lösung der Gleichung

$24{,}00 + 12{,}50 \cdot x = 75$
$\quad\quad\quad\; 12{,}50 \cdot x = 51$
$\quad\quad\quad\quad\quad\quad\; x = 4{,}08$

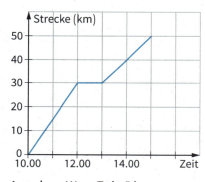

Aus dem Weg-Zeit-Diagramm lässt sich ablesen:

1. Abschnitt: $v = 15 \frac{km}{h}$
2. Abschnitt: $v = 10 \frac{km}{h}$

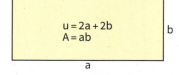

Lösungen ergeben sich aus der Gleichung:

$2a + 2b = 10$

a (m)	1	1,5	2	2,5	3
b (m)	4	3,5	3	2,5	2
A (m²)	4	5,25	6	6,25	6

Für $a = b = 2{,}5$ m ist der Inhalt der umzäunten Fläche am größten.

Überprüfen der Lösung

Die Anzahl der Kettenglieder muss eine natürliche Zahl sein, also kann die Anzahl höchstens 4 sein: x = 4.

Gesucht ist die größte natürliche Zahl x, die Lösung der Ungleichung
$24{,}00 + 12{,}50 \cdot x \leq 75$ ist.

Das Weg-Zeit-Diagramm gibt den Verlauf der Fahrradtour nicht exakt wieder.
Die Geschwindigkeiten waren auf den Streckenabschnitten nicht konstant.
Es lassen sich so nur die Durchschnittsgeschwindigkeiten ermitteln.

Eventuell muss der Draht länger als der Umfang sein, um den Auslauf richtig verschließen zu können.
Die Abmessungen des Auslaufs hängen auch davon ab, wo man ihn aufstellen will.

Proportionale und antiproportionale Zuordnungen

Zwei Größen werden einander zugeordnet. Ein Wertepaar ist vorgegeben, zu einer angegebenen Größe wird die zugeordnete Größe gesucht (Dreisatz).

1. Überlege zunächst, ob zwischen den Größen die Beziehung „je mehr – desto mehr" oder „je mehr – desto weniger" vorliegt.

2. Überlege dann, ob dem Doppelten das Doppelte, dem Dreifachen das Dreifache, ... oder dem Doppelten die Hälfte, dem Dreifachen ein Drittel, ... zugeordnet wird.

3. Ist die Zuordnung proportional (antiproportional), lege eine Tabelle an. Trage das gegebene Größenpaar ein und berechne die gesuchte Größe.

4. Formuliere eine Antwort.

Vier Rollen Strukturtapete kosten im Baumarkt 71,80 €. Wie viel Euro kosten sieben Rollen?

1. Je mehr Rollen gekauft werden, desto mehr muss bezahlt werden.

2. Wird die Anzahl der Rollen verdoppelt, verdoppelt sich auch der Preis. Die Zuordnung ist proportional.

3.
Anzahl Rollen	Preis (€)
4	71,80
1	17,95
7	125,65

(:4, ·7)

4. Sieben Rollen Strukturtapete kosten 125,65 €.

Für Malerarbeiten in einem Neubau benötigen drei Maler zehn Arbeitstage. Wie viele Arbeitstage benötigen fünf Maler?

1. Je mehr Maler beschäftigt werden, desto weniger Tage werden benötigt.

2. Wird die Anzahl der Maler verdoppelt, halbiert sich die Anzahl der Arbeitstage. Die Zuordnung ist antiproportional.

3.
Anzahl Rollen	Preis (€)
3	10
1	30
5	6

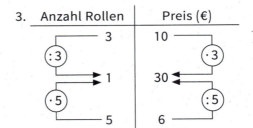

4. Fünf Maler benötigen sechs Arbeitstage.

Viele Zuordnungen sind nur in bestimmten Bereichen proportional (antiproportional).

Ab 50 Rollen Strukturtapete gibt es einen Mengenrabatt.
Der Preis für 100 Rollen Strukturtapete beträgt dann nicht 100 · 17,95 € = 1795 €.

Wenn mehr als 20 Maler gleichzeitig in dem Neubau eingesetzt werden, behindern die sich gegenseitig.
30 Maler benötigen dann nicht nur einen Tag.

Modellieren: Funktionen

Lineare Funktion (Zunahme)

Ein Gefäß wird mit Wasser gefüllt. Zu Beginn des Füllvorgangs beträgt der Wasserstand 12 cm. Pro Minute erhöht sich der Wasserstand um 5 cm.

1. Notiere die Funktionsgleichung in allgemeiner Form.
   $y = mx + n$
2. Gib an, welche Größen einander zugeordnet werden.
   Zeitdauer (min) → Wasserstand (cm)
3. Bestimme den y-Achsenabschnitt n.
   $n = 12$
4. Bestimme die Steigung m.
   Wenn x um 1 größer wird, verändert sich y um m.
   $m = 5$
5. Gib die Gleichung der linearen Funktion an.
   $y = 5x + 12$

Lineare Funktion (Abnahme)

Ein Schwimmbecken enthält 150 m³ Wasser. Um es zu reinigen, wird das Wasser abgelassen. Dabei fließen pro Minute 5 m³ Wasser ab.

1. Notiere die Funktionsgleichung in allgemeiner Form.
   $y = mx + n$
2. Gib an, welche Größen einander zugeordnet werden.
   Zeitdauer (min) → Inhalt des Beckens (m³)
3. Bestimme den y-Achsenabschnitt n.
   $n = 150$
4. Bestimme die Steigung m.
   Wenn x um 1 größer wird, verändert sich y um m.
   $m = -5$
5. Gib die Gleichung der linearen Funktion an.
   $y = -5x + 150$

Quadratische Funktion

Das Haupttrageseil einer Brücke kann durch den Graphen einer quadratischen Funktion beschrieben werden.

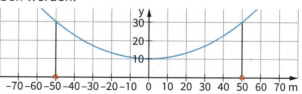

1. Notiere die Funktionsgleichung in allgemeiner Form.
   $y = ax^2 + b$
2. Der Graph schneidet die y-Achse bei b.
   $b = 10$
3. Du erhältst a, indem du die Koordinaten eines Punktes auf dem Graphen in die Funktionsgleichung einsetzt. Berechne a.
   Der Punkt P (50 | 30) liegt auf dem Graphen.
   $a \cdot 50^2 + 10 = 30$
   $2500a + 10 = 30 \quad | -10$
   $2500a = 20 \quad | : 2500$
   $a = 0{,}008$
4. Gib die Gleichung der quadratischen Funktion an.
   $f(x) = 0{,}008x^2 + 10$

Modellieren: Geometrie

Flächenberechnungen

Ein rechteckiges Gartengrundstück ist 20,0 m lang und 15,0 m breit. Auf dem Grundstück wird ein rundes Schwimmbecken mit einem Radius von 3,50 m angelegt. Das übrige Grundstück wird mit Rasen eingesät. Berechne die Größe A der Rasenfläche.

1. Notiere die gegebenen Größen.

   Rechteck   Länge: $a = 20{,}0$ m
                  Breite: $b = 15{,}0$ m
   Kreis   Radius: $r = 3{,}50$ m

2. Stelle fest, welche Größen du berechnen musst. Notiere die zugehörenden Formeln.

   Flächeninhalt des Rechtecks: $A_1 = a \cdot b$
   Flächeninhalt des Kreises: $A_2 = \pi \cdot r^2$

3. Führe die notwendigen Berechnungen durch.

   $A_1 = 20{,}0 \cdot 15{,}0 = 300$
   $A_2 = \pi \cdot 3{,}50^2 \approx 38{,}5$
   $A = A_1 - A_2 \approx 262$

4. Notiere einen Antwortsatz.

   Die Rasenfläche ist ungefähr 262 m² groß.

Körperberechnungen

Eine Konservendose hat einen Durchmesser von 9,8 cm und eine Höhe von 11,4 cm. Ihre Mantelfläche ist mit einer Banderole aus Papier versehen. Benötigt werden Banderolen für 50 000 Dosen. Wie viel Quadratmeter Papier sind dazu notwendig?

1. Notiere die gegebenen Größen.

   Zylinder   Durchmesser: $d = 9{,}8$ cm
                Höhe: $h_k = 11{,}4$ cm
   Anzahl der Banderolen: 50 000

2. Stelle fest, welche Größe du berechnen musst. Notiere die zugehörende Formel.

   Mantelfläche des Zylinders: $M = 2 \cdot \pi \cdot r \cdot h_k$

3. Führe die notwendigen Berechnungen durch.

   $r = \frac{d}{2} = 4{,}9$
   $M = 2 \cdot \pi \cdot 4{,}9 \cdot 11{,}4 \approx 351$
   $50\,000 \cdot 351 \text{ cm}^2 = 17\,550\,000 \text{ cm}^2 = 1755 \text{ m}^2$

4. Notiere einen Antwortsatz.

   Für die Banderolen werden 1755 m² Papier benötigt.

Satz des Pythagoras

Eine 6,50 m lange Leiter wird 1,60 m von einer Hauswand entfernt aufgestellt.
In welcher Höhe liegt die Leiter an der Wand an?

1. Notiere die gegebenen Größen.

   Länge der Leiter: 6,50 m
   Entfernung von der Hauswand: 1,60 m

2. Zeichne ein rechtwinkliges Dreieck, in dem die gegebenen Seitenlängen und die gesuchte Seitenlänge vorkommen.

3. Formuliere für das rechtwinklige Dreieck den Satz des Pythagoras als Gleichung. Berechne die gesuchte Seitenlänge.

   $1{,}60^2 + h^2 = 6{,}50^2$
   $h = \sqrt{6{,}50^2 - 1{,}60^2}$
   $h = 6{,}30$

4. Notiere einen Antwortsatz.

   Die Leiter liegt in einer Höhe von 6,30 m an.

Modellieren: Statistik und Wahrscheinlichkeitsrechnung

Daten aufbereiten

Anzahl Fehltage wegen Krankheit im 1. Quartal														
1	3	4	2	3	2	9	1	0	1	0	0	1	0	1
2	0	1	0	2	0	1	2	0	1	2	3	2	3	1
0	2	0	0	0	3	1	4	0	0					

1. Sind die Daten in einer Urliste gegeben, ordne sie mithilfe einer Strichliste und lege eine Häufigkeitstabelle an.

Strichliste

0 ⫼⫼ IIII
1 ⫼ ⫼
2 ⫼ III
3 ⫼
4 II
9 I

Häufigkeitstabelle

Fehl-tage	absolute Häufigkeit	relative Häufigkeit	
0	14	$\frac{14}{40}=0{,}35$	$=35\%$
1	10	$\frac{10}{40}=0{,}25$	$=25\%$
2	8	$\frac{8}{40}=0{,}2$	$=20\%$
3	5	$\frac{5}{40}=0{,}125$	$=12{,}5\%$
4	2	$\frac{2}{40}=0{,}05$	$=5\%$
9	1	$\frac{1}{40}=0{,}025$	$=2{,}5\%$

2. Stelle die Daten in einem Diagramm dar.

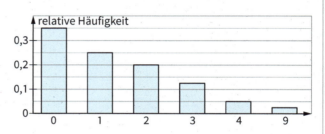

3. Handelt es sich bei den Daten um Zahlen, kannst du das arithmetische Mittel und den Median berechnen.

arithmetisches Mittel:
$$\bar{x} = \frac{0 \cdot 14 + 1 \cdot 10 + 2 \cdot 8 + 3 \cdot 5 + 4 \cdot 2 + 1 \cdot 9}{40} = 1{,}45$$
Median: $\tilde{x} = 1$

Wahrscheinlichkeiten berechnen

Relative Häufigkeit der Blutgruppen
0 41 %   A 43 %   B 11 %   AB 5 %

Nach einem Unfall benötigt ein Patient eine Bluttransfusion. Dafür kommen Blutspender mit den Blutgruppen 0 oder B in Frage.
Wie groß ist die Wahrscheinlichkeit, dass eine zufällig ausgewählte Person als Spender in Frage kommt?

1. Beschreibe das Zufallsexperiment.

Eine zufällig ausgewählte Person wird auf ihre Blutgruppe untersucht.

2. Gib die Ergebnismenge an.

S = {0, A, B, AB}

3. Bestimme die Wahrscheinlichkeit der einzelnen Ergebnisse.

Die Wahrscheinlichkeit eines Ergebnisses entspricht der relativen Häufigkeit.
P(0) = 0,41 P(A) = 0,43 P(B) = 0,11 P(AB) = 0,05

4. Berechne die gesuchte Wahrscheinlichkeit.

P(E) = P(0) + P(B) = 0,41 + 0,11 = 0,52

5. Notiere einen Antwortsatz.

Die Wahrscheinlichkeit, dass eine zufällig ausgewählte Person als Spender in Frage kommt, beträgt 52 %.

Taschenrechner

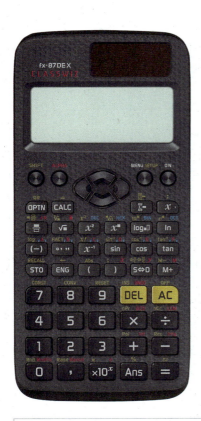

Grundfunktionen und Tastenbelegung

Die meisten aktuellen Taschenrechner arbeiten mit der „mathematischen Eingabelogik".

Sie stellen Wurzelterme, Brüche und Gleichungen wie im Lehrbuch dar. Auf diese Art der Eingabe wird auf der nächsten Seite näher eingegangen.

Neben der Eingabelogik unterscheiden sich Taschenrechner hauptsächlich in der Tastenbelegung und Tastenbeschriftung.
Die Tastenbezeichnungen für die Grundfunktionen sind aber bei vielen Taschenrechnern ähnlich.

STO	Wert speichern
RCL	Speicherinhalt zurückholen
Ans	Speicher für das Ergebnis der letzten Rechnung
Shift/2nd	Zweite Tastenbelegung wählen
AC/C	Display löschen
DEL/CE	Letzte Eingabe löschen
Pfeiltasten	Eingabe editieren

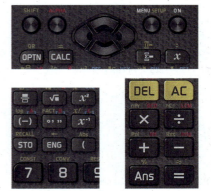

Antwortspeicher (ANS engl.: answer)
Wenn du die ANS-Taste drückst, holst du das Ergebnis der letzten Rechnung, die du durch das Drücken von = beendet hast, zurück.
Beispiel: Addiere 3,45 und 0,23. Multipliziere die Summe mit 20.

Tastenfolge   Anzeige
3,45 + 0,23 =   ANS × 20 = 73,6

Die S⇔D Taste verwandelt das Ergebnis in eine Dezimalzahl.

1 Berechne wie im Beispiel.
a) Multipliziere die Differenz aus 3,4 und 2,05 mit 30.
b) Subtrahiere das Produkt aus 102 und 0,03 von der Zahl 12.
c) Berechne das Produkt aus 2,3 und 5. Subtrahiere 5,1. Multipliziere anschließend mit 3.
d) Dividiere 8 durch die Summe aus 4,31 und 0,69.
e) Berechne den Quotienten aus 80 und 0,5. Subtrahiere den Quotienten von der Zahl 234.
L 19,2   8,94   74   40,5   1,6

Sonstige Speicherbenutzung
Ein Taschenrechner verfügt über mehrere Speicherplätze (A, B, C ...).
So kannst du den Wert 2,3 in Speicher A abspeichern und den Speicheinhalt von A wieder zurückholen:

Aufgabe	Tastenkombination	Beschreibung
Wert 2,3 abspeichern	2.3 STO A	2,3 wird in Speicher A gespeichert
Inhalt von Speicher A zurückholen	ALPHA A = oder RCL A	im Display erscheint 2.3 (Der Inhalt von Speicher A.)

Bei längeren Rechnungen kann eine Speicherung von Zwischenergebnissen sinnvoll sein.

2 Berechne wie im Beispiel.
Berechne den Oberflächeninhalt des Zylinders mit den Maßen r = 5 cm, h_k = 8 cm.
$O = 2 \cdot G + M$
$G = \pi \cdot r^2 = \pi \cdot 5^2$
$G \approx 78,5 \text{ cm}^2$

Speicherung in Speicher A:

$M = 2 \cdot \pi \cdot r \cdot h_k = 2 \cdot \pi \cdot 5 \cdot 8$
$M \approx 251,3 \text{ cm}^2$

Speicherung in Speicher B:
$O = 2 \cdot G + M$
$O \approx 408,4 \text{ cm}^2$

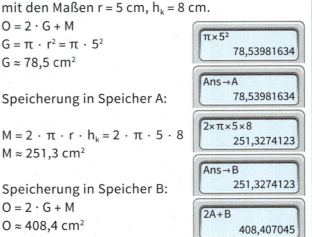

Taschenrechner

Häufige Eingabefehler
Bruchterme können ohne Klammern geschrieben werden, da der Bruchstrich die Klammer ersetzt.

$$\frac{10}{1{,}25 + 2{,}75}$$

Das führt bei der Eingabe im Taschenrechner häufig zu Fehlern, da hier die Eingabe von Klammern manchmal notwendig ist.

Mathematische Eingabelogik
Die Rechner mit „mathematischer Eingabelogik" stellen Wurzelterme, Brüche und Gleichungen wie im Lehrbuch dar.

$$\sqrt{\frac{10}{8}} + 0{,}71 = \quad \boxed{\sqrt{(\frac{10}{8} + 0{,}71)} \quad 1{,}4}$$

Tastenfolge

Anzeige $\frac{7}{5}$ [S⇔D] Anzeige 1.4

Bei einer Fehleingabe kann die Aufgabe mithilfe der Pfeiltasten editiert werden.

3 Vergleiche die drei Tastenfolgen und erkläre die unterschiedlichen Ergebnisse.

Anzeige
10 : 1 , 2 5 + 2 , 7 5 =   10,75
10 : (1 , 2 5 + 2 , 7 5) =   2,5
10 ⊟ 1 , 2 5 + 2 , 7 5 =   2,5

• **4** Berechne.

a) $\dfrac{20}{1{,}4 + 6{,}6}$ b) $\dfrac{15{,}5 - 3}{2{,}5}$ c) $\dfrac{14{,}3 - 13{,}74}{1{,}4 \cdot 5}$

L 0,08 2,5 5

• **5** Berechne.

a) $\sqrt{12{,}25 - \dfrac{69}{100}}$ b) $\sqrt{12{,}25} - \dfrac{69}{100}$

c) $\dfrac{1 + 2 + 3 + 4 + 5}{\frac{1}{2}}$ d) $1 + 2 + 3 + 4 + 5 : \dfrac{1}{2}$

e) Dividiere die Summe aus 5,375 und 14 durch $\dfrac{5}{8}$.

f) $230 : 10^3$ g) $0{,}0013 \cdot 10^4$ h) $200 \cdot 10^{-3}$

L 30 31 0,23 0,2 3,4 13 2,81 20

Table-Funktion
Einige Taschenrechner verfügen über eine TABLE-Funktion, mit deren Hilfe man Wertetabellen für Funktionen erstellen kann:

$f(x) = 2x + 1$

x	−3	−2	−1	0	1	2	3
f(x)							

Wähle den Table-Modus deines Rechners und gib die Funktionsgleichung ein.
Schließe die Eingabe jeweils durch ein Gleichheitszeichen ab.

| f(X)=2X+1 | Start? −3 | End? 3 |

Gib den kleinsten und den größten x-Wert ein. Wähle anschließend die Schrittweite (Step).

| Step? 1 | | |

Die Wertetabelle wird erstellt. Wenn du den Cursor nach unten bewegst, kannst du alle Werte ablesen.

6 Vervollständige für die angegebenen Funktionen die Wertetabelle. Achte auf die Schrittweite.

a) $f(x) = 3x$ Schrittweite: 1

x	−3	−2	−1	0	1	2	3
f(x)							

b) $f(x) = -2x + 3$ Schrittweite: 0,5

x	−1,5						1,5
f(x)							

c) $f(x) = 0{,}5x^2$ Schrittweite: 2

x			0		
f(x)					

d) $f(x) = -2x^2$ Schrittweite: 3

x			0		
f(x)					

Tabellenkalkulation

Tabellenkalkulationen werden im Mathematikunterricht häufig in den Bereichen „Wahrscheinlichkeitsrechnung und Statistik" und „Funktionen" eingesetzt. Auch Sachaufgaben in der Prozent- und Zinsrechnung und bei Zuordnungen können mit einer Tabellenkalkulation bearbeitet werden.

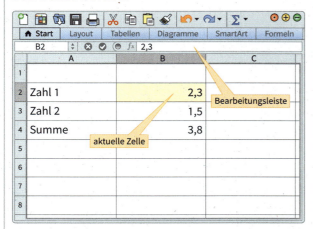

In der Beispielabbildung befindet sich der Wert 2,3 in der „aktuellen Zelle" **B2.** Derselbe Wert wird in der Bearbeitungsleiste angezeigt und kann dort verändert werden.
Zellinhalte können aus Zahlen, Texten, Datumswerten, Uhrzeiten oder **mathematischen Formeln** bestehen.
Berechnungen können durchgeführt werden, indem man eine Formel in die gewünschte Zelle eingibt.

In Zelle B4 wurde die Formel =B2+B3 eingegeben und die Eingabe wurde mit RETURN beendet. Die Formel wird in der Bearbeitungsleiste angezeigt. In der aktuellen Zelle wird nach Eingabe der Formel das Ergebnis 3,8 angezeigt. Auch die Formel **=SUMME(B2:B3)** führt zum richtigen Egebnis.
Die Eingabe einer Formel beginnt immer mit einem Gleichheitszeichen (=).

1 Zwei Zahlen a und b sollen addiert, subtrahiert, multipliziert und dividiert werden.

	A	B
1	**Grundrechenarten**	
2	Zahl a	14
3	Zahl b	10
4	a + b	24
5	a – b	4
6	a · b	140
7	a : b	1,4

Gib die Formeln an, die du in die Zellen B4, B5, B6 und B7 eintragen musst. Beachte, dass in einer Tabellenkalkulation der Schrägstrich / zum Dividieren verwendet wird.

2 Olga, Lina, Piet, Mona und Paul haben für einen gemeinsamen Abend eingekauft.

	A	B
1	**Einkauf**	
2	Chips	5,30 €
3	Mineralwasser	4,85 €
4	Saft	6,00 €
5	Obst	5,70 €
6	Summe	21,85 €
7	pro Person	4,37 €

a) Notiere zwei Formeln, die in Zelle B6 zu einem richtigen Ergebnis führen.
b) Welche Formel ist in Zelle B7 hinterlegt?

3 Herr Harms will für seinen Technikkurs einkaufen und hat vorher die Kosten mit einer Tabellenkalkulation berechnet.

	A	B	C	D
1	**Kosten für Material**			
2	Anzahl	Artikel	Einzelpreis	Gesamtpreis
3	15	Platine	0,60 €	9,00 €
4	45	Widerstand	0,08 €	3,60 €
5	30	Transistor	0,52 €	15,60 €
6	15	Kondensator	0,12 €	1,80 €
7			Summe	30,00 €
8			Betrag pro Schüler	2,00 €

a) Welche Formel berechnet den Wert in Zelle D3?
b) Notiere eine Formel, um die Summe in Zelle D7 zu berechnen.
c) Mithilfe welcher Formel kann der Betrag pro Schüler in Zelle D8 berechnet werden?

Tabellenkalkulation

Besonderheiten bei der Formeleingabe in einer Tabellenkalkulation
– Der Divisionsoperator ist kein Doppelpunkt :, sondern ein Schrägstrich /.

   =B5/4

Der Zellinhalt von B5 wird durch 4 dividiert.
– Wenn ich mehrere Zellinhalte in einer Formel zusammenfassen will (von ... bis ...), benutze ich den Doppelpunkt :

   =SUMME(B2:B4)/4

Die Zellinhalte der Zellen B2 bis B4 werden addiert. Die Summe wird durch 4 dividiert.
Des Weiteren gelten die bekannten mathematischen Gesetzmäßigkeiten.
Auf notwendige Klammern darf auch hier nicht verzichtet werden.

   =(B2+B3+B4)/4

– Potenzen werden mit dem ^-Zeichen berechnet.

   =3,1^2   3,1 wird quadriert.

	A	B	C
1	Urlaubskosten 4 Personen		
2	Benzinkosten	122,40 €	
3	Ferienwohnung	230,80 €	
4	Besichtigungen	84,00 €	
5	Gesamtkosten	437,20 €	
6	Kosten pro Person	109,30 €	

Für die Berechnung der Kosten pro Person in Zelle B6 kannst du unterschiedliche Formeln benutzen:
=B5/4
=(B2+B3+B4)/4
=SUMME(B2:B4)/4

	A	B	C
1	Quadrat		
2	Seitenlänge a	12,2	cm
3	Flächeninhalt	148,84	cm²
4	Umfang	48,8	cm

Bei der Berechnung des Flächeninhalts in Zelle B3 sind zwei Formeln möglich:
=B2*B2
=B2^2

4 In der unteren Tabelle soll jeweils der Wert eines Terms berechnet werden.

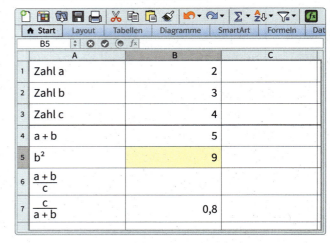

a) Welche Formel steht in Zelle B5?
b) Gib eine Formel zur Berechnung des Wertes in Zelle B6 an.
c) Welcher Wert wird in Zelle B6 stehen?
d) Mithilfe welcher Formel wird der Wert in Zelle B7 ermittelt?

5 Celine überlegt, ob sie einen Telefonvertrag mit Handy abschließen soll, oder ob sie das Handy zum vollen Preis kauft und den Vertrag ohne Handy abschließt.

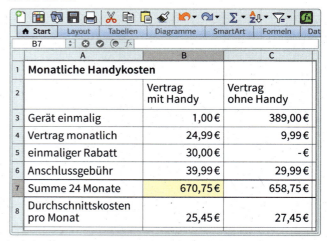

Um besser vergleichen zu können hat sie alle Kosten auf einen Durchschnittspreis pro Monat umgerechnet.
a) Welche Möglichkeit ist günstiger in den ersten 24 Monaten?
b) Was kostet das Handy bei jeder Vertragsart?
c) Wie hoch sind die monatlichen Vertragskosten bei den beiden Varianten?
d) Welche Formel ist in Zelle B7 eingetragen?
e) Notiere eine Formel für Zelle C8.
f) Was passiert nach 24 Monaten?

Tabellenkalkulation

arithmetisches Mittel:
Im Beispiel soll das arithmetische Mittel von sechs Weitsprungergebnissen berechnet werden.

	A	B	C	D
1	Weitsprungergebnisse			
2	2,09	m		
3	3,05	m		
4	2,80	m		
5	0,00	m		
6	3,12	m		
7	2,20	m		
8	arithmetisches Mittel:		2,21	m

In der unten abgebildeten Tabelle wurde die Formel in Zelle C8 sichtbar gemacht.

	A	B	C	D
1	Weitsprungergebnisse			
2	2,09	m		
3	3,05	m		
4	2,80	m		
5	0,00	m		
6	3,12	m		
7	2,20	m		
8	arithmetisches Mittel:		=(A2+A3+A4+A5+A6+A7)/6	m

Beachte bei der Formeleingabe die Klammern. Hier sind zwei andere Formeln möglich:
=MITTELWERT(A2:A7)
=SUMME(A2:A7)/6

Median:
Im Beispiel soll der Median von sechs Weitsprungergebnissen berechnet werden.

	A	B	C	D
1	Weitsprungergebnisse			
2	2,09	m		
3	3,05	m		
4	2,80	m		
5	0,00	m		
6	3,12	m		
7	2,20	m		
8	Median:		2,50	m

=Der Median wird mit der Formel
=MEDIAN(A2:A7)
berechnet. Die Formel steht in Zelle C8.

6 Bestimme das arithmetische Mittel der Taschengeldbeträge.

	A	B	C	D
1	Taschengeld			
2	Mia	18,00 €		
3	Tom	20,00 €		
4	Anton	10,00 €		
5	arithmetisches Mittel			

Notiere eine Formel, um das arithmetische Mittel in Zelle B5 zu berechnen.

7 Vier Freunde kaufen für ein gemeinsames Abendessen ein. An der Supermarktkasse geben die Freunde unterschiedliche Beträge, um das Essen zu bezahlen. Abrechnen wollen sie später.

	A	B	C	D
1	Einkauf			
2		hat gezahlt	muss noch zahlen	bekommt zurück
3	Mine	8,00 €		1,35 €
4	Ben	5,00 €	1,65 €	
5	Hasan	7,60 €		
6	Eske	6,00 €		
7	Betrag, den jeder zahlen muss	6,65 €		

a) Eske hat ausgerechnet, dass jeder 6,65 € bezahlen muss. Welche Formel hat sie in Zelle B7 hinterlegt?
b) Welchen Betrag bekommt Hasan zurück?
c) Mit welcher Formel kann Eske in Zelle C6 berechnen, was sie noch zahlen muss?

8 Marie hat bei einem Wettbewerb im Kugelstoßen teilgenommen. Zwei Versuche waren ungültig. Die erzielten Weiten wurden in eine Tabellenkalkulation eingetragen.

	A	B	C	D
1	Kugelstoßen Ergebnisse			
2	9,22	m		
3	0,00	m		
4	8,82	m		
5	9,07	m		
6	0,00	m		
7	8,92	m		
8	Median:	8,87	m	

Notiere die Formel, die in Zelle B8 hinterlegt ist.

Tabellenkalkulation

Prozentrechnung

Im Beispiel sollen verschiedene Prozentwerte mit einer Tabellenkalkulation berechnet werden.

	A	B	C
1	Grundwert (kg)	Prozentsatz (%)	Prozentwert (kg)
2	200,0	5	10
3	340,0	2	6,8
4	6,8	2,5	=A4*B4/100

Zelle C4 zeigt eine Formel zur Berechnung des Prozentwertes, die du aus der Prozentrechnung kennst.

Ein Händler gibt auf bestimmte Artikel einen Preisnachlass (Rabatt).

	A	B	C	D
1	Preis (€)	Rabatt (%)	Rabatt (€)	ermäßigter Preis (€)
2	36,00	2	0,72	35,28
3	46,80	4	1,87	44,93
4	180,00	5	9,00	171,00
5	120,00	1	1,20	118,80
6				

In Zelle C3 ist die Formel =A3*B3/100 hinterlegt. In Zelle D3 sind unterschiedliche Formeln möglich:
=A3-C3
=A3-A3*B3/100

Beachte, dass du eine andere Formel verwenden musst, wenn du den Prozentsatz mit dem %-Zeichen in eine Zelle schreibst.
Die Eingabe 5% bedeutet in einer Tabellenkalkulation $5 \cdot \frac{1}{100}$.

	A	B	C
1	Grundwert (kg)	Prozentsatz (%)	Prozentwert (kg)
2	200,0	5	10
3	340,0	2	6,8
4	6,8	2,5	=A4*B4

In diesem Fall musst du die Division durch 100 in der Formel weglassen.
In Zelle C2 steht die Formel =A2*B2.
In Zelle C3 steht die Formel =A3*B3.

9 In der abgebildeten Tabelle werden Preiserhöhungen berechnet.

	A	B	C	D
1	alter Preis (€)	Preiserhöhung (%)	Preiserhöhung (€)	
2	340,00	2	6,80	
3	160,50	4	6,42	
4	2360,00	5		

a) Welche Formel steht in Zelle C2?
b) Berechne den Wert in Zelle C4.

10 Kaufmann Müller berechnet Preisermäßigungen für einige Artikel.

	A	B	C	D
1	alter Preis (€)	Preisermäßigung (%)	Preisermäßigung (€)	neuer Preis (€)
2	45,00	2	0,90	44,10
3	160,50	4	6,42	154,08
4	450,00	5	22,50	427,50

a) Welche Formel steht in Zelle C2?
b) Notiere eine mögliche Formel, um den Wert in Zelle D2 zu berechnen.

11 In der Tabelle werden Fettgehalt und Masse von Lebensmitteln berechnet.

	A	B	C	D
1		Masse (g)	Fettgehalt (g)	Fettgehalt (%)
2	Sahne	200	60	30
3	Käse	150	52,5	35
4	Joghurt		40	8

a) Welche Formel steht in Zelle D2 (D3)?
b) In Zeile 4 ist der prozentuale Fettgehalt gegeben und die Masse soll berechnet werden. Notiere eine Formel, um den Wert in Zelle B4 zu berechnen.

12 In der abgebildeten Tabelle werden Bruttopreise berechnet.

	A	B	C
1	Nettopreis (€)	Mehrwertsteuer (19%)	Bruttopreis (€)
2	240,00	45,60	285,60
3	2 345,00	445,55	2 790,55
4	32,00	6,08	38,08
5	5,23	0,99	

a) Berechne den Bruttopreis in Zelle C5.
b) Welche Formel führt in Zelle C2 zum richtigen Ergebnis? Es können mehrere Formeln richtig sein.

Ⓐ =A2+B2   Ⓑ =A2+A2*19/100   Ⓒ =A2*1,19

Hinweise zur zentralen Prüfung und zum 1. Prüfungsteil

Die Aufgaben der schriftlichen Prüfung werden zentral gestellt und sind einheitlich für alle, die zu einem bestimmten Termin an der Prüfung teilnehmen. Du bearbeitest die Aufgaben entweder unmittelbar auf dem Aufgabenblatt oder auf besonderem Papier, das dir die Schule zur Verfügung stellt.

Geodreieck und Zirkel musst du selbst mitbringen. Darüber hinaus darfst du die Formelsammlung benutzen sowie den wissenschaftlichen Taschenrechner, den du auch sonst im Unterricht verwendet hast.

Insgesamt hast du für die Bearbeitung aller Aufgaben 100 Minuten Zeit, diese Zeit setzt sich zusammen aus 10 Minuten Orientierungszeit, 30 Minuten für den ersten Prüfungsteil und 60 Minuten für den zweiten Prüfungsteil.

Spätestens nach 40 Minuten musst du die Lösungen des ersten Prüfungsteils abgeben. Gibst du eher ab, kannst du sofort mit der Bearbeitung der Aufgaben des zweiten Prüfungsteils beginnen und hast dann für diesen Teil etwas mehr Zeit.

10 Minuten Orientierungszeit

30 Minuten Bearbeitungszeit für den 1. Prüfungsteil

60 Minuten Bearbeitungszeit für den 2. Prüfungsteil

Im ersten Prüfungsteil werden sogenannte Basiskompetenzen überprüft, das sind grundlegende mathematische Fähigkeiten, die du in den Klassen 5 – 10 erworben hast. Dieser Prüfungsteil besteht aus mehreren Aufgaben. Die einzelnen Aufgaben haben keinen inhaltlichen oder mathematischen Zusammenhang, sondern beziehen sich auf ganz unterschiedliche Teilgebiete der Mathematik.

Häufig musst du Schätzaufgaben lösen, mit dem Dreisatz rechnen, einfache Terme aufstellen, Informationen aus Diagrammen oder kurzen Texten entnehmen, eine mathematische Aussage begründen oder durch ein Gegenbeispiel widerlegen, Netze von Körpern erkennen, Flächen- oder Volumenberechnungen durchführen oder einfache Wahrscheinlichkeiten bestimmen. Manchmal sind Lösungsmöglichkeiten vorgegeben, du musst dann die richtige Lösung ankreuzen.

Im Anschluss findest du sechs Beispiele für den ersten Prüfungsteil.

Beispiel 1

Aufgabe 1

Eine Reisegruppe, die aus 171 Personen besteht, fährt mit einer Kabinenbahn zum Gipfel eines Berges. Eine Kabine fasst 16 Personen. Wie viele Kabinen benötigt die Reisegruppe?
Notiere deine Rechnung.

Aufgabe 2

Berechne den Flächeninhalt der grünen Fläche.
Notiere deine Rechnung.

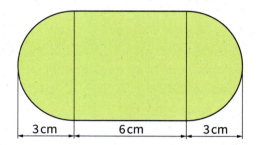

Aufgabe 3

Mit einem Fahrrad legt Tim in einer Minute 0,2 km zurück.
a) Welche Strecke legt er bei gleicher Geschwindigkeit in einer Stunde zurück?
b) Wie viele Minuten benötigt er bei gleicher Geschwindigkeit für eine 2 km lange Strecke?

Aufgabe 4

Im abgebildeten Diagramm ist dargestellt, wie viele Geschwister die Schülerinnen und Schüler der Klasse 10 b jeweils haben.

a) Wie viele Schülerinnen und Schüler haben keine Geschwister?

b) Wie viele Schülerinnen und Schüler haben mehr als zwei Geschwister?

c) Wie viele Schülerinnen und Schüler sind in der Klasse 10 b?

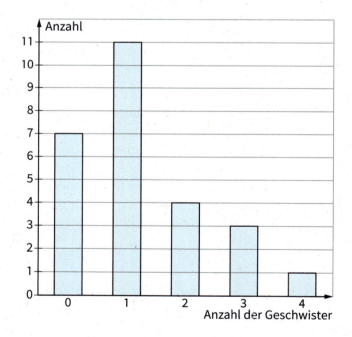

Aufgabe 5

Bei einer Verlosung gibt es 20 Gewinne und 180 Nieten. Dina kauft ein Los.
Wie groß ist die Wahrscheinlichkeit, dass sie einen Gewinn erhält? Notiere deine Rechnung.

Beispiel 1

Aufgabe 6

Schätze, wie lang das Band der Turnerin ist.
Beschreibe, wie du vorgegangen bist.

Beispiel 2

Aufgabe 1

Ordne die angegebenen Zahlen der Größe nach.   0,5   1,5   −0,5   −1   2

____ < ____ < ____ < ____ < ____

Aufgabe 2

In einer Urne befinden sich drei weiße und zwei schwarze Kugeln.

a) Berechne die Wahrscheinlichkeit, eine schwarze Kugel zu ziehen.

b) Kreuze die Zahlen an, die den Anteil der weißen Kugeln angeben.

0,3 ☐ $\frac{3}{5}$ ☐   0,6 ☐ $\frac{1}{3}$ ☐

Aufgabe 3

Ein Handwerker erhält einen Stundenlohn von 22,50 €.

a) An einem Tag arbeitet er acht Stunden. Wie viel Euro verdient er?

b) Wie viele Stunden muss er arbeiten, um 900 € zu verdienen?

Aufgabe 4

200 Jugendliche wurden nach ihrer Lieblingssportart befragt. Das Ergebnis der Befragung ist im abgebildeten Kreisdiagramm dargestellt.

a) Bestimme die Anzahl der Jugendlichen, deren Lieblingssportart Schwimmen ist.

b) Begründe, dass mehr als die Hälfte der Jugendlichen Fußball oder Basketball als Lieblingssportart genannt haben.

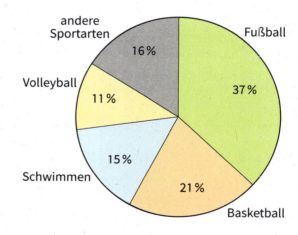

Aufgabe 5

Beim Weitsprung hat Jana folgende Ergebnisse erzielt:

3,80 m   4,25 m   3,92 m   4,11 m   4,32 m   3,72 m

Berechne das arithmetische Mittel.

Beispiel 2

Aufgabe 6

Schätze die Höhe des Elefanten. Beschreibe, wie du vorgegangen bist.

Beispiel 3

Aufgabe 1

Im Schaufenster eines Geschäfts sieht Lia das folgende Plakat:

a) Zeige durch eine Rechnung, dass die Angaben auf dem Plakat stimmen.
b) Lia hat noch 280,00 €. Sie möchte zwei Kleider und eine Hose kaufen. Reicht das Geld?

Aufgabe 2

Von 400 Schülerinnen der Wolfgang-Borchert-Schule spielen 50 ein Musikinstrument. Kreuze alle Möglichkeiten an, die den Anteil der musizierenden Schülerinnen angeben.

☐ 0,75

☐ 7,5 %

☐ Jede achte Schülerin

☐ 12,5 %

☐ 1,25

Aufgabe 3

Der Behälter hat die in der Zeichnung angegebenen Innenmaße.
Er ist vollständig mit Wasser gefüllt.
Wie viel Liter Wasser enthält er?

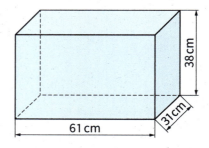

Aufgabe 4

In der Tabelle sind jeweils fünf Weitsprungergebnisse von drei Schülern in Meter dargestellt.

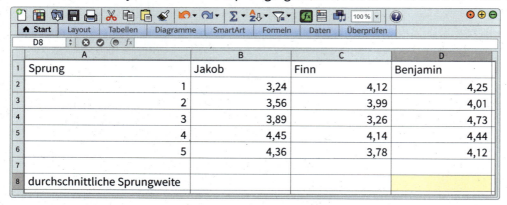

	A	B	C	D
1	Sprung	Jakob	Finn	Benjamin
2	1	3,24	4,12	4,25
3	2	3,56	3,99	4,01
4	3	3,89	3,26	4,73
5	4	4,45	4,14	4,44
6	5	4,36	3,78	4,12
7				
8	durchschnittliche Sprungweite			

a) Gib das beste Ergebnis an.
   Im Feld D8 soll die durchschnittliche Weite von Benjamin ermittelt werden.
b) Berechne die durchschnittliche Sprungweite von Benjamin.
c) Gib für die Zelle D8 eine geeignete Formel an.

Beispiel 3

Aufgabe 5

Bei einem Kinderspiel müssen aus dem abgebildeten Karton ohne hinzusehen Fische geangelt werden.

Im Aquarium sind 16 blaue, 12 rote und 2 gelbe Fische und 10 Stiefel.
a) Mit welcher Wahrscheinlichkeit wird beim ersten Versuch ein gelber Fisch geangelt?
b) Mit welcher Wahrscheinlichkeit wird beim ersten Versuch ein Stiefel geangelt? Notiere deine Rechnung.
c) Wie groß ist die Wahrscheinlichkeit, beim ersten Versuch keinen blauen Fisch zu angeln?
d) Celine hat bereits alle gelben und drei rote Fische geangelt. Diese Fische hat sie nicht zurückgelegt. Wie groß ist die Wahrscheinlichkeit, dass sie beim nächsten Versuch einen roten Fisch angelt? Notiere deinen Rechenweg.

Beispiel 4

Aufgabe 1

Der Flächeninhalt eines Rechtecks beträgt 28 cm². Das Rechteck hat eine Länge von 7cm.

a) Bestimme die Breite des Rechtecks. Notiere deine Rechnung.

b) Zeichne das Rechteck.

Aufgabe 2

Ein Auto fährt auf der Autobahn mit einer durchschnittlichen Geschwindigkeit von 80 $\frac{km}{h}$.

Nach welcher Zeit hat es bei gleichbleibender Durchschnittsgeschwindigkeit eine Strecke von 200 km zurückgelegt? Kreuze Zutreffendes an.

3 Stunden ☐

1,5 Stunden ☐

2 Stunden ☐

2,5 Stunden ☐

Aufgabe 3

Entscheide zunächst, welche Zuordnung in der dargestellten Aufgabe vorliegt. Kreuze Zutreffendes an. Löse anschließend die Aufgabe.

a) Malermeister Hasse hat einem Kunden für sieben Arbeitsstunden 269,50 € berechnet. Wie viel Euro muss ein zweiter Kunde für sechs Arbeitsstunden bezahlen?

proportionale Zuordnung ☐   antiproportionale Zuordnung ☐   keine proportionale oder antiproportionale Zuordnung ☐

b) Ein Kabel auf einer Kabelrolle kann in 60 Stücke von je 4 m Länge zerschnitten werden. Wie viele Stücke von 6 m Länge erhält man?

proportionale Zuordnung ☐   antiproportionale Zuordnung ☐   keine proportionale oder antiproportionale Zuordnung ☐

Aufgabe 4

Kreuze an, welcher Wert jeweils 75 % darstellt.

0,75 ☐ $\frac{75}{100}$ ☐   7,5 ☐ $\frac{1}{75}$ ☐ $\frac{3}{4}$ ☐ $\frac{4}{5}$ ☐

Aufgabe 5

Von 250 Schülerinnen und Schülern des 10. Jahrgangs einer Schule nehmen 50 Schülerinnen und Schüler an dem Mittagessen in der Mensa teil. Wie viel Prozent sind das? Notiere deine Rechnung.

Beispiel 4

Aufgabe 6

Die kegelförmigen Lichttürme auf dem Dach der Bundeskunsthalle sind ein Wahrzeichen der Stadt Bonn.

Schätze, wie hoch ein kegelförmiger Turm ist. Beschreibe, wie du vorgegangen bist.

Beispiel 5

Aufgabe 1

Leon hat einen Ferienjob in einer großen Firma angenommen. Um einen Wochenlohn von 280 € zu erhalten, muss er an einer Maschine durchschnittlich 500 Teile pro Tag bearbeiten. Leon arbeitet von Montag bis Freitag.

a) In der Tabelle siehst du, wie viele Teile Leon bis Donnerstag bearbeitet hat. Wie viele Teile muss er am Freitag bearbeiten, um auf seinen angestrebten Wochenlohn zu kommen?

	MO	DI	MI	DO	FR
Anzahl Teil	610	420	490	460	

b) Wie viel Cent verdient Leon pro Teil, wenn er 2500 Teile bearbeitet hat?

Aufgabe 2

a) Aus einer rechteckigen Blechplatte sollen die grau markierten Formen ausgestanzt werden. Die hier weiß dargestellten Flächen werden als Verschnitt bezeichnet.

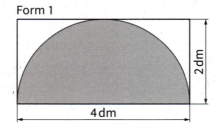
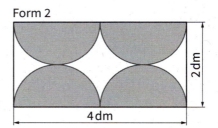

Bestimme den Verschnitt in Quadratdezimeter bei Form 1 und Form 2 durch eine Rechnung.

Aufgabe 3

In der Abbildung siehst du ein Parallelogramm.

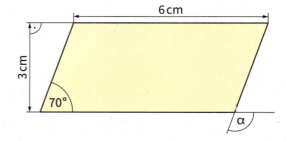

a) Bestimme die Größe des Winkels α. Notiere das Ergebnis.

b) Bestimme den Inhalt der gelben Fläche. Notiere deine Rechnung.

Aufgabe 4

Der jährliche Stromverbrauch in einem 4-Personen-Haushalt beträgt durchschnittlich 4000 kWh (Kilowattstunden).

In der Tabelle ist aufgelistet, wie sich der Stromverbrauch zusammensetzt.

Beurteile die Aussage:
„Der Anteil der elektrischen Energie, der für Licht gebraucht wird, liegt unter 10 %.

	Verbrauch (kWh)
TV, Audio, Kommunikation	1080
Kühlen, Gefrieren	680
Waschen, Trocknen	520
Kochen	440
Licht	360
Spülen	280
Sonstiges	640

Beispiel 5

Aufgabe 5

In dem Diagramm wird die Entwicklung des Strompreises von 2000 bis 2018 dargestellt.

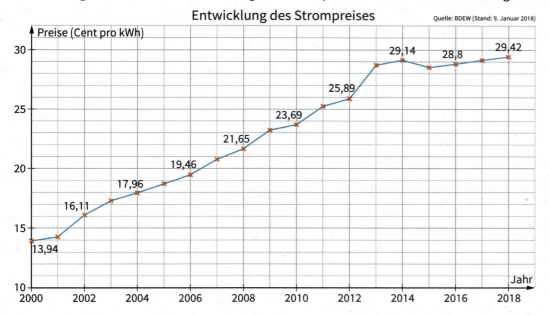

a) Um wie viel Cent pro Kilowattstunde ist der Strompreis von 2010 bis 2018 gestiegen?
b) Gib die Strompreissteigerung von 2010 bis 2018 in Prozent an. Runde auf eine Stelle nach dem Komma.

Beispiel 6

Aufgabe 1

15 % aller Tablet-Rechner, die in einem Computergeschäft verkauft werden, sind weiß. In den letzten Monaten wurden pro Monat rund 300 Tablet-Rechner verkauft. Wie viele Tablet-Rechner waren davon weiß?

Aufgabe 2

Michelle vergleicht die Unterhaltungskosten für die zwei Autos ihrer Eltern im letzten Jahr.

Pkw 1	
zurückgelegte Strecke:	18 000 km
Kosten für Kraftstoff:	2016 €
Reparaturen:	440 €
Kfz-Versicherung:	514 €
Kfz-Steuer:	142 €

Pkw 2	
zurückgelegte Strecke:	15 000 km
Kosten für Kraftstoff:	1216 €
Reparaturen:	300 €
Kfz-Versicherung:	614 €
Kfz-Steuer:	182 €

a) Für welchen Pkw waren die Unterhaltungskosten niedriger? Notiere deine Rechnung.

b) Bei welchem Pkw sind die Kraftstoffkosten pro zurückgelegten Kilometer höher? Notiere deine Rechnung.

Aufgabe 3

In Karlsruhe wurde über dem Grab des Stadtgründers, Markgraf Karl Wilhelm, eine Pyramide aus Sandstein errichtet. Die Pyramide hat eine Höhe von 6,80 m, die Seitenlänge der quadratischen Grundfläche beträgt 6,05 m.

a) Zeige, dass das Volumen der Pyramide rund 83 m³ beträgt.

b) Wie groß wäre die Masse der Pyramide, wenn sie massiv aus Sandstein wäre? Ein Kubikmeter Sandstein wiegt 2,6 t.

Aufgabe 4

Die Oberfläche eines Würfels ist 96 cm² groß. Wie groß ist sein Volumen? Notiere deine Rechnung.

Aufgabe 5

Für den Bau eines Mehrfamilienhauses muss eine Baugrube ausgehoben werden. Der Bauunternehmer kann dazu Lkws einsetzen, die jeweils 12 m³ Aushub transportieren können. Dann sind insgesamt 75 Lkw-Fahrten notwendig. Wie viele Fahrten sind notwendig, wenn jeder Lkw nur 9 m³ Aushub transportieren kann? Notiere deine Rechnung.

Beispiel 6

Aufgabe 6

Ordne die folgenden Zahlen der Größe nach.

a) 13,2   121   12,06   12,5   −14,6

b) $\frac{3}{4}$ $-\frac{2}{3}$ $\frac{7}{8}$ $\frac{1}{2}$

Beispiel 7

Aufgabe 1

Notiere in der angegebenen Maßeinheit.

30 cm = _____ mm

60 m = _____ cm

4,5 m = _____ cm

0,035 km = _____ m

Aufgabe 2

Löse die Gleichung.

$6x + 5,4 = 10,8 - 3x$

Aufgabe 3

Beim Verteilen eines Lottogewinns von 4100 € erhält Frau Müller doppelt so viel wie Frau Meier. Frau Schmidt bekommt 100 € mehr als Frau Meier.

Wie viel Euro bekommt jede von ihnen?

Aufgabe 4

a) Zeige, dass das abgebildete zylinderförmige Gefäß ein Volumen von ungefähr 22,6 Litern hat.

b) Wie viel Liter Wasser sind ungefähr in dem Gefäß, wenn es zu einem Fünftel mit Wasser gefüllt ist.

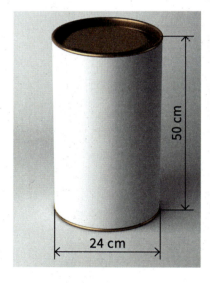

Aufgabe 5

In einer Urne befinden sich zehn gleichartige Kugeln. Davon sind drei rot, fünf blau und zwei schwarz gefärbt. Eine Kugel wird aus der Urne gezogen. Jede gezogene Kugel wird sofort wieder in die Urne zurückgelegt.

a) Wie groß ist die Wahrscheinlichkeit, eine blaue Kugel zu ziehen?

b) Wie groß ist die Wahrscheinlichkeit, keine rote Kugel zu ziehen?

Beispiel 7

Aufgabe 6

Die Abbildung zeigt eine Litfaßsäule. Schätze die Höhe der Säule. Beschreibe, wie du vorgegangen bist.

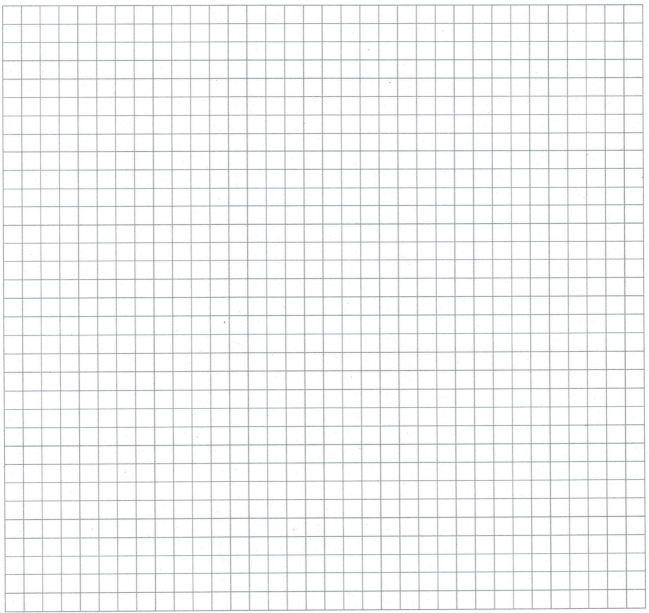

Beispiel 8

Aufgabe 1

Die Tabelle zeigt den höchsten und den niedrigsten Kontostand von Michelle, Emre und Zoé innerhalb des vergangenen Jahres an.

	Michelle	Emre	Zoé
höchster Kontostand	−100 €	450 €	300 €
niedrigster Kontostand	−400 €	−100 €	150 €

a) Trage jeweils den höchsten Kontostand auf der Zahlengerade ein.

b) Bestimme jeweils für Michelle und Emre den Unterschied zwischen dem höchsten und niedrigsten Kontostand.

Aufgabe 2

Ersetze den Platzhalter, sodass die Aussage wahr ist.

a) $0{,}41 < 0{,}4\,\Box\,1$

b) $\sqrt{\Box} < \sqrt{25}$

c) $\dfrac{4}{\Box} > \dfrac{4}{7}$

Aufgabe 3

In einer Urne befinden sich 15 gleichartige Kugeln.

a) Wie viele Kugeln musst du rot färben, wenn eine rote Kugel mit einer Wahrscheinlichkeit von $\frac{2}{3}$ gezogen werden soll?

b) Wie viele Kugeln musst du blau färben, wenn eine blaue Kugel mit einer Wahrscheinlichkeit von 20 % gezogen werden soll?

Aufgabe 4

In der Abbildung siehst du das Schrägbild eines Kegels. Der Kegel besteht ganz aus Eichenholz.

a) Bestätige durch eine Rechnung, dass das Volumen des Kegels ungefähr 1060,29 cm³ beträgt.

b) 1 cm³ Eichenholz wiegt 0,8 g. Berechne die Masse des Kegels.

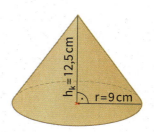

Beispiel 8

Aufgabe 5

Die Abbildung zeigt ein Spielzeugauto.
Schätze die Länge des Autos. Beschreibe, wie du vorgegangen bist.

Beispiel 9

Aufgabe 1

a) Bestimme x und notiere den Lösungsweg. $25 + 3x = 46$

b) Die folgende Umformung der Gleichung $9x = 4x - 15$ enthält einen Fehler. Streiche den Fehler an und bestimme das richtige Ergebnis.

$$9x = 4x - 15 \qquad |-4x$$
$$9x - 4x = 4x - 4x - 15$$
$$5x = 15 \qquad |:5$$
$$x = 3$$

Aufgabe 2

In der Abbildung siehst du das Schrägbild einer quadratischen Pyramide.

a) Berechne den Oberflächeninhalt der Pyramide.

b) Zeige, dass die Höhe h_K der Pyramide 4,50 m lang ist.

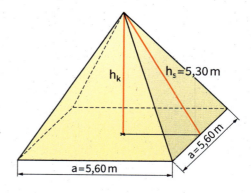

Aufgabe 3

a) Ordne die Zahlen nach ihrer Größe. Beginne mit der kleinsten Zahl.

$$0{,}28 \qquad -2{,}8 \qquad -3 \qquad 2$$

b) Markiere die Brüche auf dem Zahlenstrahl. $\frac{6}{8} \qquad \frac{2}{4} \qquad \frac{3}{2}$

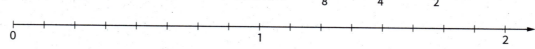

Aufgabe 4

In einer Urne befinden sich 30 Kugeln. Die Kugeln sind weiß, schwarz oder rot. Eine Kugel soll gezogen werden.

a) Wie viele Kugeln müssen schwarz sein, wenn die Wahrscheinlichkeit für das Ziehen einer schwarzen Kugel $\frac{1}{6}$ sein soll?

b) Wie viele Kugeln müssen rot sein, wenn die Wahrscheinlichkeit für das Ziehen einer roten Kugel 30 % betragen soll?

Beispiel 9

Aufgabe 5

Bestimme mithilfe der abgebildeten Steckdosenleiste näherungsweise die Länge des Verlängerungskabels.

Beispiel 10

Aufgabe 1

Markiere die angegebenen Zahlen auf der Zahlengeraden. $-0{,}5$ $0{,}25$ $\frac{3}{4}$ $-1{,}5$ $\frac{3}{2}$

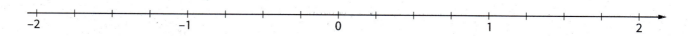

Aufgabe 2

Ergänze den Platzhalter.

a) $-12 + \square = -4$ 　　　　　b) $-14 - \square = -21$ 　　　　　c) $2 - \square = -15$

Aufgabe 3

a) Begründe mithilfe einer Rechnung, dass die Seite $c = 8{,}0$ cm lang ist.

b) Berechne den Flächeninhalt des Dreiecks.

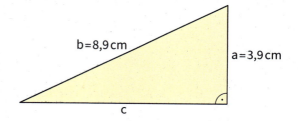

Aufgabe 4

Löse die Gleichung.

$5 \cdot (x + 4) + 2x = 41$

Aufgabe 5

Für die Abschlussfeier des 10. Jahrgangs hat Ben Getränke eingekauft.

	A	B	C	D
1		Preis pro	Anzahl der	Gesamt-
2		Flasche (€)	Flaschen	kosten (€)
3	Mineralwasser	0,19	15	2,28
4	Apfelschorle	0,54	12	6,48
5	Zitronenlimonade	0,39	20	
6	Cola-Orange-Mix	0,44		10,56
7	Cola light	0,49	12	5,88
8				

a) Berechne jeweils die fehlende Angabe in Zelle D5 und C6.

b) Kreuze an, ob die angegebene Formel zur Berechnung der Zelle D3 geeignet ist oder nicht.

	geeignet	nicht geeignet
= B3+C3	☐	☐
= B3*C3	☐	☐
= B3/C3	☐	☐

Beispiel 10

Aufgabe 6

Ordne jeder linearen Funktion den zugehörenden Graphen zu.
Notiere dazu hinter der Funktionsgleichung den richtigen Buchstaben.

Funktionsgleichung	Graph
y = −2x	
y = 0,5x	
y = x + 3	

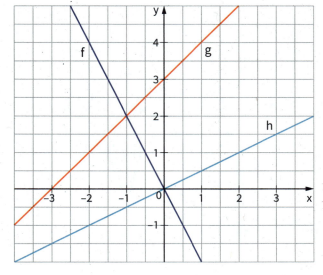

Hinweise zum 2. Prüfungsteil

Nachdem du die Lösungen zum ersten Prüfungsteil abgegeben hast, erhältst du den zweiten Prüfungsteil.
Der zweite Prüfungsteil besteht aus drei umfangreichen Aufgaben. Für diesen Prüfungsteil hast du insgesamt 60 Minuten Zeit.

Jede Aufgabe ist in Teilaufgaben unterteilt. In jeder Aufgabe werden oft verschiedene Themengebiete angesprochen.
Für die Bearbeitung der Aufgabe ist es wichtig, dass du dir zunächst die Aufgabenstellung genau durchliest (eventuell auch mehrfach). Dabei kannst du die für die Bearbeitung der Aufgabe wichtigen Informationen auch markieren.
Beginne mit der Aufgabe, bei der du dich sicher fühlst.
Überlege, welches Themengebiet in der (Teil-) Aufgabe angesprochen wird und welche Formeln du benutzen kannst. Fertige eventuell eine Skizze an.
Schau, falls nötig, in der Formelsammlung nach.
Schreibe die dem Text entnommenen Informationen auf. Notiere genau deinen Rechenweg, auch dafür gibt es Punkte.

Die Feuerwehr wird zu einem Dachstuhlbrand eines mehrstöckigen Wohnhauses gerufen. Um das Feuer wirksam bekämpfen zu können, muss die Drehleiter bis zur Dachmitte in 16,2 m Höhe reichen. Die Drehleiter kann 16 m ausgefahren werden, der Drehkranz befindet sich in 80 cm Höhe über dem Erdboden. Das Feuerwehrfahrzeug kann nur so nah an das Gebäude heran, dass der Fuß der Leiter noch 4 m Abstand von der Hauswand hat.
Reicht die Länge der Leiter aus?

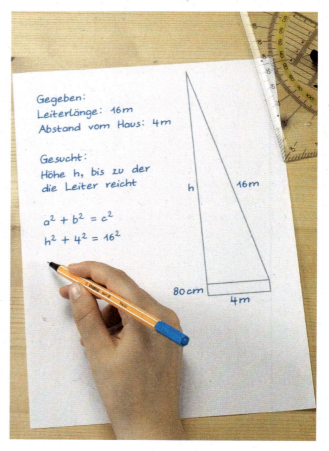

Hinweise zum 2. Prüfungsteil

Achte bei der Darstellung des Lösungsweges auf Übersichtlichkeit und auf die richtige Verwendung von Maßeinheiten. Achte bei den Maßeinheiten zunächst darauf, dass Angaben zu einer Größe in derselben Maßeinheit vorliegen, zum Beispiel alle Längen in m, alle Massen in kg usw. …

Einzelne Rechnungen darfst du ohne die Verwendung von Maßeinheiten durchführen, am Schluss musst du das Ergebnis aber mit der richtigen Maßeinheit notieren oder einen Antwortsatz formulieren, in dem die gesuchte Größe mit der richtigen Maßeinheit angegeben wird.

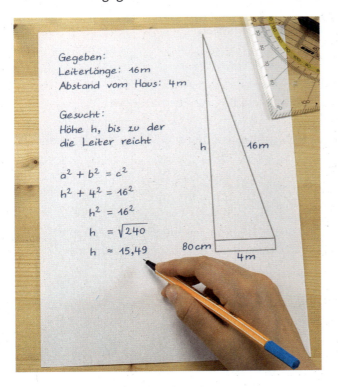

Höhe des Drehkranzes: 80 cm = 0,8 m
Gesamthöhe: 15,49 m + 0,8 m = 16,29 m

Mit der Leiter wird eine Gesamthöhe von 16,29 m erreicht. Die Länge der Leiter reicht aus.

Aufgaben mit Hilfen und Lösungen
Im Anschluss an diese Seiten findest du drei Beispielaufgaben zum zweiten Prüfungsteil, zu denen jeweils Hilfen und die vollständigen Lösungen angeboten werden. Hier solltest du dir zunächst zu jeder Teilaufgabe die Hilfen durchlesen, denn dort werden Hinweise gegeben, welche Überlegungen zur Lösung führen. In der rechten Spalte findest du dann jeweils einen Lösungsweg und das Ergebnis.

Aufgaben mit Hilfen
Im Anschluss an diese Seiten findest du sechs Beispielaufgaben zum zweiten Prüfungsteil, zu denen jeweils Hilfen angeboten werden. Ausgehend von den Hilfen kannst du Lösungsweg und Ergebnis in der rechten Spalte notieren.

Aufgaben ohne Hilfen und Lösungen
Es folgen zwölf weitere Beispielaufgaben ohne Hilfen. Die Beispielaufgaben 1 bis 3, 4 bis 6, 7 bis 9 und 10 bis 12 stellen dabei jeweils einen vollständigen zweiten Prüfungsteil dar. Hier kannst du auch überprüfen, ob du die Aufgaben in 60 Minuten vollständig bearbeiten kannst.

Aufgaben mit Hilfen und Lösungen: Beispiel 1 – Papierformate

Kopierpapier wird im DIN-A4-Format hergestellt. Es ist das in Europa gebräuchlichste Format.
Ein Blatt ist 210 mm breit und 297 mm lang.
Die Angabe „80 g" auf der Verpackung bedeutet, dass ein Quadratmeter des Papiers eine Masse von 80 g hat.

a) Bestimme den Flächeninhalt eines DIN-A4-Blattes in Quadratmillimeter.

Ein Blatt im DIN-A0-Format hat den Flächeninhalt von einem Quadratmeter.
Wenn man ein DIN-A0-Blatt halbiert, entstehen zwei Blätter im Format DIN-A1.
Aus jedem DIN-A1-Blatt entstehen durch Halbierung zwei Blätter im DIN-A2-Format, usw. ...

b) Zeige, dass aus einem Blatt im DIN-A0-Format durch wiederholtes Halbieren 16 DIN-A4-Blätter entstehen.

c) Bestimme die Masse eines DIN-A4-Blattes in Gramm.

d) Mia behauptet: „Wenn ich alle 500 DIN-A4-Blätter ohne Lücken aneinander lege, ergibt sich eine Fläche mit einem Inhalt von ungefähr 30 Quadratmetern". Überprüfe Mias Aussage durch eine Rechnung.

e) Paul versucht, eine möglichst lange Strecke mithilfe eines Lineals auf ein DIN-A4-Blatt zu zeichnen. Welche Länge hat die längste Strecke, die Paul auf das Blatt zeichnen kann?
Notiere die Rechnung.

Ein DIN-A4-Blatt ist ungefähr 0,1 mm dick. Celine faltet das Blatt fünfmal hintereinander jeweils in der Mitte.

| 1. Faltung | 2. Faltung | 3. Faltung | 4. Faltung | 5. Faltung |

f) Wie dick ist das gefaltete Papier jetzt? Notiere deine Rechnung.

g) Anton behauptet: „Wenn ich ein Blatt 20-mal falten könnte, dann wäre es ungefähr 20 cm dick". Überprüfe Antons Behauptung durch eine Rechnung.

Hilfen

a) Berechne den Flächeninhalt des Rechtecks mit den Seitenlängen
a = 297 mm und b = 210 mm.

b) Durch Halbierung eines Blattes entstehen jeweils zwei Blätter im nächst kleineren Format.

c) Es gibt mehrere Lösungswege:
1. Lösungsweg:
Ein DIN-A0-Blatt hat den Flächeninhalt von einem Quadratmeter und wiegt demnach 80 Gramm. Ein DIN-A0-Blatt besteht aus 16 DIN-A4-Blättern.
2. Lösungsweg:
Ein DIN-A4-Blatt hat einen Flächeninhalt von 62 370 mm². Das sind 0,062370 m².

d) Du musst den Flächeninhalt eines Blattes mit 500 multiplizieren, um die Gesamtfläche zu berechnen.

e) Die längste Strecke, die Paul zeichnen kann, geht von einer Ecke des Blattes zur diagonal gegenüberliegenden Ecke.
Du kannst die Streckenlänge x mithilfe des Satzes des Pythagoras berechnen, da zwei rechtwinklige Dreiecke entstehen.

f) Bei jedem Falten verdoppelt sich die Dicke des gefalteten Papiers.

g) Bei 5 Faltungen ist das Papier
0,1 mm · 2^5 = 3,2 mm dick.
Bei 20 Faltungen musst du mit 2^{20} multiplizieren.

Lösungen

a) A = a · b
A = 297 · 210
A = 62 370 mm²
Der Flächeninhalt eines DIN-A4-Blattes beträgt 62 370 mm².

b) 1 DIN-A0-Blatt → 2 DIN-A1-Bätter
2 DIN-A1-Blätter → 4 DIN-A2-Bätter
4 DIN-A2-Blätter → 8 DIN-A3-Bätter
8 DIN-A3-Blätter → 16 DIN-A4-Bätter

c) 1. 80 : 16 = 5
Ein Blatt wiegt 5 Gramm.
2. 62 370 mm² = 623,70 cm²
623,70 cm² = 6,2370 dm²
6,2370 dm² = 0,062370 m²
0,062370 · 80 = 4,9896
Ein Blatt wiegt ungefähr 5 Gramm.

d) 62 370 mm² = 0,06237 m²
0,06237 m² · 500 = 31,185 m²
Der Gesamtflächeninhalt beträgt 31 185 m².

e)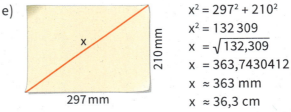

$x^2 = 297^2 + 210^2$
$x^2 = 132\,309$
$x = \sqrt{132{,}309}$
x = 363,7430412
x ≈ 363 mm
x ≈ 36,3 cm

Die längste Strecke, die Paul zeichnen kann, ist ungefähr 36,3 cm lang.

f) einmal falten: 0,1 mm · 2 = 0,2 mm
zweimal falten: 0,2 mm · 2 = 0,4 mm
dreimal falten: 0,4 mm · 2 = 0,8 mm
viermal falten: 0,8 mm · 2 = 1,6 mm
fünfmal falten: 1,6 mm · 2 = 3,2 mm

Das gefaltete Papier ist jetzt 3,2 mm dick.

g) 0,1 mm · 2^{20} = 104 857,6 mm
104 857,6 mm = 104,8576 m

Wenn man das DIN-A4-Blatt 20-mal falten könnte, wäre es ungefähr 105 m dick.
Also ist die Behauptung von Anton falsch.

Aufgaben mit Hilfen und Lösungen: Beispiel 2 – Pizzadienst

Ein Pizzadienst wirbt mit dem abgebildeten Flyer.

a) Familie Specht bestellt zwei normale Pizzen und drei kleine Pizzen. Wie viel Euro muss sie bezahlen? Notiere deine Rechnung.

b) Für ihre Bestellung bezahlt Familie Kreß 18 €. Was hat sie bestellt?

c) Tim und Jana haben zwei Pizzen bestellt. Dafür sollen sie 12 € bezahlen. Begründe, dass diese Rechnung nicht stimmen kann.

Der Pizzadienst erhöht die Preise.

d) Die Preiserhöhung für eine kleine Pizza beträgt 20 %. Gib den neuen Preis an.

e) Der Preis für eine normale Pizza wird auf 10 € erhöht. Wie viel Prozent beträgt die Preissteigerung?

Zwei Kilogramm Mehl reichen für 25 kleine Pizzen.
Für eine normale Pizza wird genauso viel Mehl benötigt wie für zwei kleine Pizzen.

f) Zeige durch eine Rechnung, dass für eine kleine Pizza 80 g Mehl benötigt werden.

g) Wie viele normale Pizzen kann man aus 2,4 Kilogramm Mehl herstellen? Notiere deine Rechnung.

h) Das abgebildete Säulendiagramm zeigt, wie viele Pizzen an den einzelnen Tagen einer Woche verkauft worden sind.

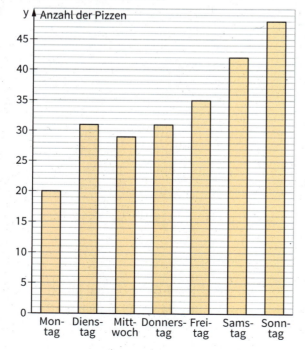

Kreuze jeweils an, ob die Aussage wahr oder falsch ist.

	wahr	falsch
① Am Freitag wurden mehr Pizzen verkauft als am Dienstag.	☐	☐
② Am Montag wurden halb so viele Pizzen verkauft wie am Donnerstag.	☐	☐
③ Am Sonntag wurden mehr Pizzen verkauft als am Dienstag und Mittwoch zusammen.	☐	☐
④ In der gesamten Woche wurden mehr als 230 Pizzen verkauft.	☐	☐

Hilfen

a) Die Preise für die Pizzen sind auf dem abgebildeten Flyer angegeben.

b) Bestimme jeweils den Preis für verschiedene mögliche Bestellungen. Bei welcher Bestellung beträgt der Preis genau 18 €?

c) Bestimme jeweils den Preis für zwei kleine Pizzen, für zwei normale Pizzen sowie für eine kleine Pizza und eine normale Pizza. Vergleiche die Beträge jeweils mit 12 €.

d) Bestimme 20 % von 5 €. Addiere das Ergebnis zu 5 €.

e) Die Preiserhöhung beträgt 2 €, das ist der Prozentwert. Der Grundwert ist 8 €. Bestimme den Prozentsatz.

f) Wandle 2 kg in 2000 g um. Dividiere dann durch 25.

g) Überlege zuerst, dass für eine normale Pizza 160 g Mehl benötigt werden.

Masse des Mehls (g)	Anzahl der Pizzen
160	1
2400	☐

h) 1. Aussage: Vergleiche im Säulendiagramm die Anzahl, die für Freitag angegeben ist, mit der für Dienstag.

2. Aussage: Verdopple die Anzahl, die für Montag angegeben ist, und vergleiche das Ergebnis mit der Anzahl für Donnerstag.

3. Aussage: Addiere die Anzahlen für Dienstag und Mittwoch und vergleiche das Ergebnis mit der Anzahl für Sonntag.

4. Aussage: Addiere alle im Säulendiagramm angegebenen Anzahlen.

Lösungen

a) $2 \cdot 8 + 3 \cdot 5 = 31$
Familie Specht bezahlt 31 €.

b) Familie Kreß hat zwei kleine Pizzen und eine normale Pizza bestellt, denn $2 \cdot 5 € + 8 € = 18 €$.

c) Zwei kleine Pizzen kosten 10 €, zwei normale Pizzen kosten 16 €, eine kleine Pizza und eine normale Pizza kosten 13 €. Daher kann der Preis für zwei Pizzen nicht 12 € betragen.

d) 20 % von 5 € ist 1 €.
Der neue Preis der kleinen Pizza beträgt 6 €.

e) $p \% = \frac{2 \cdot 100}{8} \% = 25 \%$
Der Preis wird um 25 % erhöht.

f) 2 kg = 2000 g
2000 : 25 = 80
Für eine kleine Pizza sind 80 g Mehl nötig.

g) $2 \cdot 80 \text{ g} = 160 \text{ g}$

Masse des Mehls (g)	Anzahl der Pizzen
160	1
2400	15

(· 2400/160)

Aus 2,4 kg Mehl können 15 normale Pizzen hergestellt werden.

h) 35 > 31
Die erste Aussage ist wahr.

$2 \cdot 20 = 40 \qquad 40 \neq 31$
Die zweite Aussage ist falsch.

$31 + 29 = 60 \qquad 48 < 60$
Die dritte Aussage ist falsch.

$20 + 31 + 29 + 31 + 35 + 42 + 48 = 236$
236 > 230
Die vierte Aussage ist wahr.

Aufgaben mit Hilfen und Lösungen: Beispiel 3 – Somatogramm

Um die Entwicklung von Säuglingen und Kindern verfolgen und beurteilen zu können, wird der Zusammenhang zwischen Körpergröße und Lebensalter in einem Diagramm (Somatogramm) veranschaulicht.

In dem Diagramm findest du eine 50-%-Linie. Sie kennzeichnet für die körperliche Entwicklung genau den Mittelwert.

Die während einer Vorsorgeuntersuchung gemessene Körpergröße eines Kindes wird in dem abgebildeten Diagramm mit einem Kreuz markiert.

a) Entnimm dem abgebildeten Diagramm folgende Daten:
Welche Körpergröße wurde bei der Vorsorgeuntersuchung U4 gemessen?

b) Nach wie vielen Monaten war das Kind 70 cm groß?

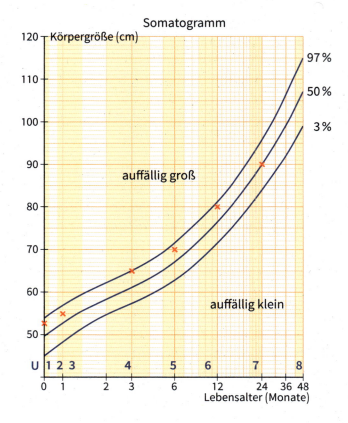

Die folgende Wertetabelle ist anhand des abgebildeten Diagramms erstellt.

Alter (Monate)	1	3	6	12	24
Körpergröße (cm)	55	65	70	80	90

c) Stelle die Wertepaare der Tabelle in einem Koordinatensystem dar. Teile dabei die x-Achse und die y-Achse jeweils in gleiche Abstände ein. Lässt sich der Zusammenhang zwischen Körpergröße (y) und Alter (x) mithilfe einer linearen Funktion beschreiben? Begründe deine Antwort.

In der Tabelle findest du jeweils Angaben zum Lebensalter, zur Körpergröße und zum Körpergewicht von Sophie, Sara und Yesim.

Name	Lebensalter	Körpergröße	Körpergewicht
Sophie	10 Jahre	150 cm	40 kg
Sara	12 Jahre	140 cm	40 kg
Yesim	14 Jahre	160 cm	50 kg

d) Überlege für jedes Mädchen, ob ihre Körpergröße und ihr Körpergewicht über oder unter dem Mittelwert (50-%-Linie) liegen. Betrachte dazu die abgebildeten Wachstums- und Gewichtskurven.

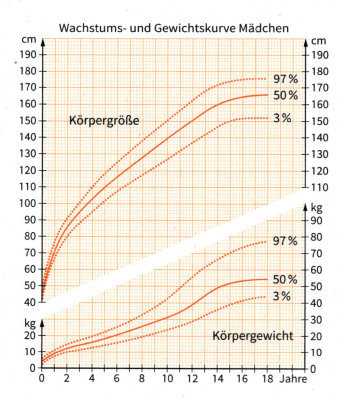

112

Hilfen

a) Auf der waagerechten Achse des Diagramms sind die einzelnen Vorsorgeuntersuchungen markiert. Jeweils eine zur y-Achse parallele Linie hilft, die mit einem Kreuz markierte Körpergröße zu finden.

b) Die Abstände auf der waagerechten Achse „Lebensalter in Monaten" sind nicht gleichmäßig.

c) Mögliche Einteilung der Achsen:
Waagerechte Achse: 2,5 cm ≙ 5 Monate
Senkrechte Achse: 1 cm ≙ 10 cm

Der Graph einer linearen Funktion ist eine Gerade.

d) In dem Diagramm ist für die Körperhöhe und für das Körpergewicht jeweils eine 50-%-Linie (Mittelwert für die körperliche Entwicklung) dargestellt.

Liegen die gemessenen Werte in der Nähe oder auf dieser Linie, wird von einer normalen körperlichen Entwicklung gesprochen.

Lösungen

a) Bei der Vorsorgeuntersuchung U4 werden 65 cm gemessen.

b) Nach 6 Monaten war das Kind 70 cm groß.

c)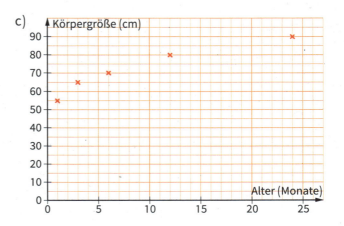

In der Abbildung sind die Wertepaare als Punkte in ein Koordinatensystem eingetragen. Sie liegen nicht auf einer Geraden. Deshalb kann der Zusammenhang zwischen Körpergröße (y) und Alter (x) nicht mit einer linearen Funktion beschrieben werden.

d) Sophie: Körpergröße liegt über dem Mittelwert, Körpergewicht liegt über dem Mittelwert

Sara: Körpergröße liegt unter dem Mittelwert, Körpergewicht entspricht dem Mittelwert

Yesim: Körpergröße und Körpergewicht entsprechen jeweils dem Mittelwert

Aufgaben mit Hilfen: Beispiel 1 – Frankfurter Flughafen

Der Frankfurter Flughafen ist mit Abstand der größte deutsche Verkehrsflughafen.

Die folgende Grafik gibt für den Zeitraum von 1995 bis 2016 an, wie viel Tonnen Luftfracht im jeweiligen Jahr auf dem Frankfurter Flughafen verladen wurden.

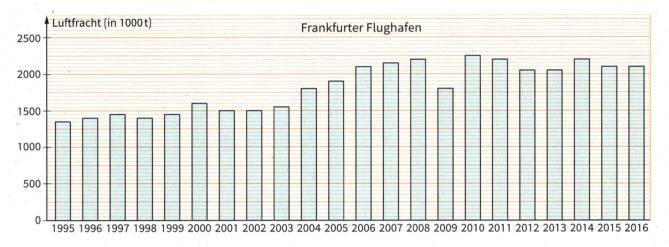

a) Sind die folgenden Aussagen wahr oder falsch? Kreuze an.

		wahr	falsch
①	Im Jahr 2008 wurden ungefähr 2100 Tonnen verladen.	☐	☐
②	In den letzten sieben angegebenen Jahren wurden immer mehr als zwei Millionen Tonnen pro Jahr verladen.	☐	☐
③	Von 2000 an hat die verladene Fracht von Jahr zu Jahr zugenommen.	☐	☐
④	2009 ging die verladene Frachtmasse im Vergleich zum Vorjahr um 25 % zurück.	☐	☐
⑤	Von 2006 bis 2011 wurden mehr als 12 Millionen Tonnen Fracht verladen.	☐	☐

Flugzeuge wie der Airbus 320 oder die Boeing 737 fliegen den Frankfurter Flughafen am häufigsten an. Der Airbus 320-200 ist eine Weiterentwicklung des A 320-100.

b) Das maximale Abfluggewicht des A 320-200 ist mit 78 000 kg um 10 % größer als das seines Vorgängers. Berechne das maximale Abfluggewicht des A 320-100. Notiere deine Rechnung.

c) Der A 320-200 kann maximal 26 000 Liter Kerosin tanken. Auf Reiseflughöhe verbraucht er davon in fünf Stunden 13 500 l. Wie viel Liter Kerosin wird auf Reiseflughöhe in drei Stunden verbraucht?

Die Reiseflughöhe und die Reisegeschwindigkeit eines Flugzeugs werden in Fuß und Meter bzw. in Meilen pro Stunde und in Kilometer pro Stunde angegeben.

d) Die Reiseflughöhe beträgt 11 000 m oder 36 100 ft (Fuß). Gib die Längeneinheit Fuß in Zentimeter an. Runde sinnvoll.

e) Die Reisegeschwindigkeit wird mit 840 km pro Stunde angegeben. Wie vielen Meilen pro Stunde entspricht das, wenn eine Meile 1609,344 m lang ist?

Hilfen

a) Beachte die Einteilung der y-Achse.

Die letzten sieben angegebenen Jahre sind 2010 bis 2016.

Es gab 2001 und 2009 eine Abnahme gegenüber dem Vorjahr.

Ein Viertel von rund 2 100 000 t sind 525 000 t.

Fünfmal sind es deutlich mehr als 2 000 000 t, einmal (2009) ist es etwas weniger.

b) gegeben: W = 78 000 kg, p % = 110 %, gesucht : G

c) Hier liegt eine proportionale Zuordnung vor.

Flugdauer (h)	Verbrauch (l)
5	13 500
1	☐
3	☐

d) Hier liegt eine proportionale Zuordnung vor.

Flughöhe (Fuß)	Flughöhe (m)
36 100	11 000
1	☐

e) Hier liegt eine proportionale Zuordnung vor.

Länge (km)	Länge (Meilen)
1,609344	1
1	☐
840	☐

Lösungen

Aufgaben mit Hilfen: Beispiel 2 – Freizeitbad

Für die Eintrittspreise im Sport- und Freizeitbad H2O gelten die folgenden Tarife:

	Erwachsene	Jugendliche (bis 15 Jahre)
Trimm Dich (60 Min)	4,40 €	3,30 €
Sport-Tarif (90 Min)	5,50 €	4,40 €
Freizeit-Tarif (Tageskarte)	9,60 €	7,00 €

a) Welches Schaubild stellt die Eintrittspreise für Jugendliche dar? Notiere den Lösungsbuchstaben. Begründe deine Antwort.

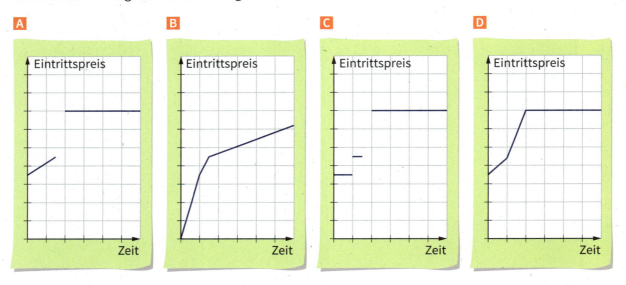

b) Familie Dengel kauft eine Tageskarte für zwei Erwachsene und zwei Jugendliche zum Familientarif für 29,20 €. Wie viel Euro spart Familie Dengel damit im Vergleich zu den Einzeltarifen? Notiere deine Rechnung.

c) Die Zehnerkarte für Jugendliche kostet im Freizeit-Tarif 59 €. Wie oft muss Leni das Sport- und Freizeitbad mindestens besuchen, damit sich die Anschaffung einer Zehnerkarte lohnt? Begründe deine Antwort.

Im letzten Jahr zählte das Sport- und Freizeitbad H2O 152 400 Badegäste, davon waren die Hälfte Jugendliche.

d) Wie viel Euro hat das Freizeitbad im letzten Jahr mindestens eingenommen? Notiere deine Rechnung.

e) Wie hoch war im letzten Jahr die durchschnittliche Zahl der Badegäste pro Monat? Notiere deine Rechnung.

f) Für dieses Jahr geht man davon aus, dass die Besucherzahlen um 7 % steigen werden. Wie viele Besucher werden in diesem Jahr erwartet? Notiere deine Rechnung.

Im Wettkampfbecken ist eine Bahn 25 m lang. Für das Sportabzeichen muss Herr Weber einen Kilometer in einer Zeit von höchstens 33 Minuten und 30 Sekunden schwimmen.

g) Wie viele Bahnen muss er dazu schwimmen?

h) In welcher Zeit muss er eine Bahn im Durchschnitt zurücklegen, wenn er die Bedingung des Sportabzeichens erfüllen will?

Hilfen

a) Der Preis steigt in keinem Zeitintervall kontinuierlich an, es gibt zu bestimmten Zeiten immer Preissprünge.

b) Zu berechnen ist zunächst die Summe der Einzeltarife für zwei Erwachsene und zwei Jugendliche. Die Differenz von Summe und Familientarif gibt dann an, wie viel Euro gespart werden.

c) Gesucht ist das kleinste Vielfache von 7 €, das größer als 59 € ist.

d) Dazu ist die Hälfte von 152 400 einmal mit dem günstigsten Tarif für Erwachsene und einmal mit dem günstigsten Tarif für Jugendliche zu multiplizieren. Dann müssen beide Produkte addiert werden.

e) Die Anzahl der Badegäste muss durch die Anzahl der Monate dividiert werden.

f) 1. Lösungsweg:
   gegeben: G = 152 400, p % = 7 %
   gesucht: W (Zuwachs)
   dann G und W addieren

   2. Lösungsweg:
   gegeben: G = 152 400, p % = 107 %
   gesucht: W (erwartete Besucherzahl)

g) 1 km = 1000 m

h) 33 Min 30 s = 33 · 60 s + 30 s
   Die Anzahl der Sekunden muss durch die Anzahl der Bahnen dividiert werden.

Lösungen

Aufgaben mit Hilfen: Beispiel 3 – Süßwaren

Ein Süßwarenhersteller lässt für ein neues Produkt eine neue Verpackung herstellen. Die Verpackung hat die Form eines Quaders mit quadratischer Grundfläche.

In der Abbildung ist die auseinandergefaltete Verpackung im Maßstab 1 : 3 dargestellt.

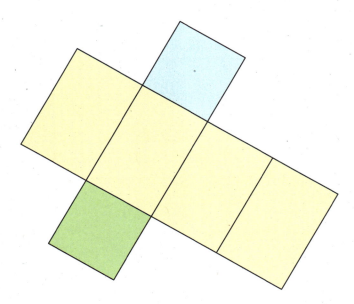

a) Bestimme anhand der Abbildung die Länge, Breite und Höhe der quaderförmigen Verpackung. Notiere deine Rechnung.

Benutze für deine folgenden Berechnungen am Quader die Kantenlängen a = 6 cm, b = 6 cm und c = 9 cm.

b) Bestimme das Volumen des Quaders. Notiere deine Rechnung.

c) Zeige, dass für eine Verpackung mindestens 288 cm² Material benötigt wird. Notiere deine Rechnung.

Die Süßwarenfirma lässt 10 000 quaderförmige Verpackungen anfertigen. Bei der Herstellung einer Verpackung fallen zusätzlich 10 % für Verschnitt an.

d) Wie viel Quadratmeter Material müssen insgesamt für diesen Auftrag verarbeitet werden? Notiere deine Rechnung.

Der Süßwarenhersteller plant, eine pyramidenförmige Verpackung herzustellen.
Die quadratische Grundfläche und die Höhe dieser Verpackung sollen die gleichen Maße wie die quaderförmige Verpackung haben.

e) Vergleiche das Volumen einer quaderförmigen Verpackung mit dem Volumen einer pyramidenförmigen Verpackung.

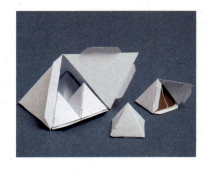

Hilfen

a) Der Maßstab einer Zeichnung gibt an, wievielmal so groß die Strecken in Wirklichkeit sind.
Der Maßstab 1 : 3 bedeutet: 1 cm in der Zeichnung entspricht 3 cm in der Wirklichkeit.

b) Für das Volumen eines Quaders gilt:
$V = a \cdot b \cdot c$

c) Die Oberfläche des Quaders setzt sich aus seinen sechs rechteckigen Begrenzungsflächen zusammen.

d) Zum Oberflächeninhalt der 10 000 Verpackungen (Grundwert G) müssen 10 % des Oberflächeninhalts addiert werden. Der Prozentwert W muss bestimmt werden.
Die Umwandlungszahl für Flächeneinheiten ist 100.

e) Für das Volumen einer Pyramide gilt:
$V = \frac{1}{3} \cdot G \cdot h_k$

Lösungen

Aufgaben mit Hilfen: Beispiel 4 – Kiosk

Frau Ulusoy hat einen Kiosk im Freizeitpark gepachtet und verkauft dort kleine Snacks, Süßigkeiten und Getränke. Im Sommer hat sie täglich ungefähr 250 Kunden. Ihre Einnahmen betragen 800 € pro Tag.

a) Wie viel Euro bezahlt jeder Kunde durchschnittlich? Notiere deine Rechnung.

b) Im Juli hat der Kiosk täglich geöffnet. Wie viel Euro nimmt Frau Ulusoy in diesem Monat ein? Notiere deine Rechnung.

Frau Ulusoy möchte ermitteln, mit welchem Gewinn sie im August ungefähr rechnen kann. Dazu verwendet sie eine Tabellenkalkulation.

	A	B	C
		Ausgaben (€)	Ausgaben (%)
1			
2	eingekaufte Waren	14 300	65
3	Miete	1 320	6
4	Energiekosten	1 100	5
5	Personalkosten	2 200	10
6	weitere Betriebskosten	3 080	
7	insgesamt	22 000	100
8			
9			
10	Einnahmen (€)	25 000	
11			
12	Gewinn (€)	3 000	

c) Ergänze den fehlenden Wert in Zelle C6.

d) Gib eine Formel an, mit der der Wert in Zelle B12 bestimmt werden kann.

e) Kreuze an, ob die angegebene Formel zur Berechnung des Wertes in Zelle C2 geeignet ist oder nicht.

	geeignet	nicht geeignet
① = B2/B7*100	☐	☐
② = B2/B10*100	☐	☐
③ = B2/SUMME(B2:B6)*100	☐	☐

f) Wie viel Prozent der Einnahmen beträgt der Gewinn?

Shari ist bei Frau Ulusoy als Helferin beschäftigt. Pro Stunde erhält sie 9,50 €.

g) Im Juni hat Shari 34 Stunden im Kiosk gearbeitet. Wie viel Euro hat sie in dieser Zeit verdient?

h) Im Juli hat Shari durch ihre Arbeit im Kiosk 399 € verdient. Wie viel Stunden hat sie in diesem Monat gearbeitet?

Hilfen

a) Dividiere die Einnahmen durch die Anzahl der Kunden.

b) Überlege, wie viele Tage der Monat Juli hat. Multipliziere die täglichen Einnahmen mit der Anzahl der Tage dieses Monats.

c) Die Summe der Werte in den Zellen C2, C3, C4, C5 und C6 beträgt 100 %.

d) Der Gewinn (Zelle B12) ist der Unterschied zwischen den Einnahmen (Zelle B10) und der Summe aller Ausgaben (Zelle B7).

e) In Zelle C2 steht ein Prozentsatz. Der dazu gehörende Grundwert steht in Zelle B7, der dazu gehörende Prozentwert steht in Zelle B2.
In Zelle B7 steht die Summe der Zellen B2 bis B6.

f) Der Grundwert sind Einnahmen (Zelle B10), der Prozentwert ist der Gewinn (Zelle B12). Bestimme den Prozentsatz.

g) Multipliziere die Anzahl der Stunden mit dem Stundenlohn.

h) Dividiere Sharis Verdienst durch ihren Stundenlohn.

Lösungen

Aufgaben mit Hilfen: Beispiel 5 – Temperaturen

In der Tabelle sind die Durchschnittstemperaturen in Berlin für die einzelnen Monate eines Jahres angegeben.

	Jan	Feb	Mär	Apr	Mai	Jun	Jul	Aug	Sep	Okt	Nov	Dez
durchschnittliche Höchsttemperatur (°C)	2,5	4,2	9,7	13,8	18,3	21,2	22,9	21,8	18,8	13,1	6,8	3,1
durchschnittliche Tiefsttemperatur (°C)	−3,5	−3,1	−0,3	3,8	7,9	11,1	☐	12,6	9,3	5,3	1,9	☐
Differenz	6	7,3	10	10	10,4	10,1	9,6	9,2	9,5	7,8	4,9	4,5

a) Ergänze in der Tabelle die Tiefsttemperaturen für Juli und Dezember.

b) In welchem Monat ist der Unterschied zwischen der Höchsttemperatur und der Tiefsttemperatur am größten? In welchem Monat ist er am kleinsten?

c) Berechne das arithmetische Mittel der Höchsttemperaturen. Erläutere, wie du vorgegangen bist.

d) Welche Aussage ist wahr, welche falsch? Kreuze entsprechend an.

		wahr	falsch
①	In allen Monaten liegt die Höchsttemperatur über 0°C.	☐	☐
②	In vier Monaten des Jahres beträgt die Differenz zwischen Höchsttemperatur und Tiefsttemperatur mehr als 10 °C	☐	☐
③	In mehr als der Hälfte aller Monate liegt die Höchsttemperatur über 15°C.	☐	☐
④	Die Tiefsttemperatur im Mai ist höher als die Höchsttemperatur im Dezember.	☐	☐

In den USA werden Temperaturen nicht in Grad Celsius (°C) angegeben, sondern in Grad Fahrenheit (°F).

e) Tobias hat eine Tabelle zur Umrechnung von Temperaturangaben. Vervollständige die Tabelle.

°F	86	77	68	59	☐	41	32	23
°C	30	☐	20	15	20	5	0	−5

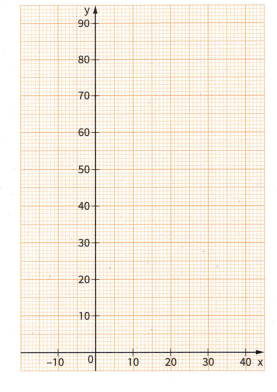

Zur Umrechnung von Grad Celsius (°C) in Grad Fahrenheit (°F) kann die lineare Funktion mit der Gleichung

$y = 1{,}8 \cdot x + 32$ verwendet werden.

Dabei bezeichnet x die Temperatur in °C, y die Temperatur in °F.

f) Stelle den Graphen der linearen Funktion im abgebildeten Koordinatensystem dar.

g) Ergänze die fehlenden Werte.

Einer Temperatur von 12 °C entspricht eine Temperatur

von ☐ °F.

Einer Temperatur von 87,8 °F entspricht eine Temperatur

von ☐ °C.

122

Hilfen

a) Die Tiefsttemperaturen für Juli und Dezember erhältst du, indem du von der Höchsttemperatur (1. Zeile der Tabelle) die Differenz (3. Zeile) subtrahierst.
Beachte die Rechenregeln für negative Zahlen.

b) Vergleiche die Werte in der 3. Zeile. Bestimme den größten und den kleinsten Wert.

c) Addiere alle Werte der 1. Zeile und dividiere das Ergebnis durch 12.

d) 1. Aussage: Prüfe, ob alle Werte der 1. Zeile positiv sind.

2. Aussage: Prüfe, ob mehr als zehn Werte der 3. Zeile **größer** als 10 sind.

3. Aussage: Prüfe, ob **mehr** als sechs Werte der 1. Zeile größer als 15 sind.

4. Aussage: Vergleiche den Wert für Mai in der 2. Zeile mit dem Wert für Dezember in der 1. Zeile.

e) Berechne in der Zeile für °C jeweils den Unterschied zwischen zwei aufeinander folgenden Werten. Ergänze dann den fehlenden Wert.
Den fehlenden Wert in der Zeile für °F kannst du ebenso ermitteln.

f) Der Graph der linearen Funktion ist eine Gerade. Die Gerade schneidet die y-Achse bei 32.
Um die Gerade zeichnen zu können, benötigst du einen weiteren Punkt auf der Geraden, z. B. den Punkt P(10|y). Die y-Koordinate des Punktes P kannst du bestimmen, indem du in der Funktionsgleichung für x den Wert 10 einsetzt.

g) Setze in der Funktionsgleichung für x den Wert 12 ein und bestimme y.
Setze in der Funktionsgleichung für y den Wert 87,8 ein.
Löse dann die Gleichung und bestimme x.

Lösungen

Aufgaben mit Hilfen: Beispiel 6 – Dachraum

Die Grundfläche des abgebildeten pyramidenförmigen Dachraums ist ein Quadrat. Das Dach soll neu eingedeckt werden.

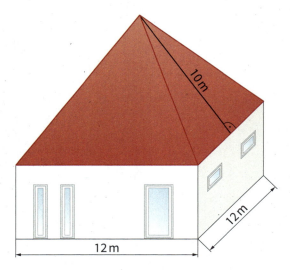

a) Benenne anhand der Abbildung die Flächen, aus denen sich die Dachfläche zusammensetzt.

b) Berechne den Flächeninhalt der gesamten Dachfläche. Notiere deine Rechnung.

Für einen Quadratmeter der Dachfläche werden 14 Dachziegel benötigt.

c) Wie viele Ziegel müssen mindestens eingekauft werden? Rechne mit einer Gesamtfläche von 240 m².

Der Dachdecker bestellt bei einem Baumarkt 5 % mehr Ziegel als benötigt.

d) Wie viele Dachziegel werden angeliefert? Notiere deine Rechnung.

Die Abbildung zeigt ein Schrägbild des Dachraums.

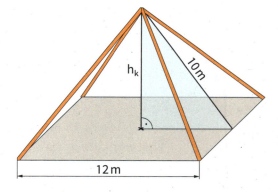

e) Zeige durch eine Rechnung, dass die Körperhöhe h_k des Dachraums 8 m beträgt.

Die Baukosten für den Dachraum betrugen 30 720 €.

f) Wie viel Euro wurden für einen Kubikmeter des umbauten Raumes (Volumen des Dachraums) bezahlt? Notiere deine Rechnung.

Hilfen

Lösungen

a) Der Dachraum ist eine Pyramide. Die einzelnen Dachflächen bilden zusammen den Mantel der Pyramide.

Der Mantel setzt sich aus vier gleich großen Dreiecken zusammen.

b) Für den Flächeninhalt eines Dreiecks gilt:
$A = \frac{g \cdot h}{2}$.

c) Flächeninhalt: 240 m²
14 Dachziegel für einen Quadratmeter

d) Die benötigte Mindestanzahl Ziegel ist der Grundwert G.
Bestimme 5 % von G. Addiere das Ergebnis zu der Mindestanzahl.

e) Die Körperhöhe h_k, die Höhe einer dreieckigen Seitenfläche und eine halbe Seitenlänge der quadratischen Grundfläche bilden ein rechtwinkliges Dreieck.
In diesem Dreieck gilt der Satz des Pythagoras.

f) Bestimme zunächst das Volumen des Dachraums.
Für das Volumen einer Pyramide gilt:
$V = \frac{1}{3} \cdot G \cdot h_k$.

Aufgaben ohne Hilfen: Beispiel 1 – Schwimmbecken

In einem Freibad beträgt die Wassertiefe des Sportbeckens 1,80 m. Das Mehrzweckbecken hat eine Wassertiefe von 0,80 m.

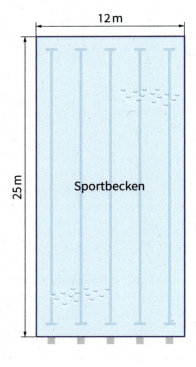
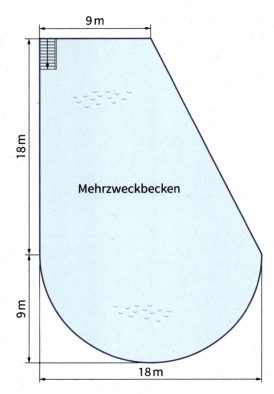

Für eine Reinigung muss das Sportbecken vollständig geleert und anschließend wieder gefüllt werden. In einer Minute werden 300 Liter Wasser in das Becken gepumpt.

a) Zeige, dass das Sportbecken 540 m³ Wasser enthält. Notiere deine Rechnung.

b) Berechne die Zeit (in Stunden), die für das vollständige Auffüllen des Beckens benötigt wird. Notiere deine Rechnung.

c) Zeige, dass das Volumen des Mehrzweckbeckens ungefähr 296 m³ beträgt. Notiere deine Rechnung.

Zu Beginn der Badesaison wird dem Wasser eine Salzmenge von 40 kg pro 10 m³ Wasser zugeführt.

d) Wie viele Kilogramm Salz werden zu Beginn der Badesaison insgesamt dem Wasser der beiden Becken zugeführt? Notiere deine Rechnung.

Vor dem Winter wird die Oberfläche des Mehrzweckbeckens mit einer Plane abgedeckt.

e) Bestimme den Flächeninhalt dieser Plane.

Aufgaben ohne Hilfen: Beispiel 2 – Temperaturen in Europa

Die abgebildete Wetterkarte gibt die Temperaturen (in °C) in Europa an einem Tag im Februar an.

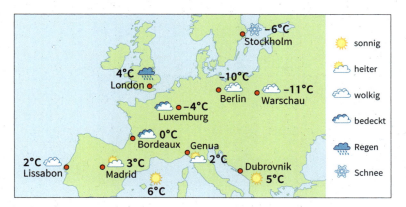

a) Welche Temperatur wurde an diesem Tag in Spanien gemessen?

b) Wie viel Grad beträgt der Temperaturunterschied zwischen dem kleinsten und dem größten angezeigten Wert? Notiere deine Rechnung.

Ein Flugzeug startet bei einer Außentemperatur von 16 °C und steigt bis auf eine Höhe von 6000 m. Die Außentemperatur sinkt dabei um 39 °C.

c) Auf wie viel Grad Celsius ist die Außentemperatur dabei gesunken? Notiere deine Rechnung.

d) Berechne, um wie viel Grad Celsius die Außentemperatur pro 1000 m Höhenunterschied im Durchschnitt gesunken ist.

Ab dem 01.04.2001 wird der Tagesmittelwert der Temperatur nach der 4-Punkt-Methode gemessen. Für die mitteleuropäische Zeitzone (MEZ) ergeben sich dabei folgende Messzeiten:
1.00 Uhr, 7.00 Uhr, 13.00 Uhr, 19.00 Uhr (bei Sommerzeit jeweils eine Stunde später).
Aus den vier Temperaturen wird der Mittelwert (das arithmetische Mittel) berechnet. Das kann mit einer Tabellenkalkulation erfolgen:

	A	B	C	D	E	F
1		1^{00} Uhr	7^{00} Uhr	13^{00} Uhr	19^{00} Uhr	Durchschnitts-
2	Datum	Temperatur (°C)	Temperatur (°C)	Temperatur (°C)	Temperatur (°C)	temperatur (°C)
3	23.02.	–2,2	–0,6	5,4	0,8	
4	24.02.	–1,7	–0,3	7,2	2,8	2

e) Ergänze den fehlenden Wert in Zelle F3.

f) In der Tabellenkalkulation werden die Durchschnittstemperaturen mit einer Formel berechnet. Welche Formel kann in Zelle F4 stehen? Kreuze an.

① =B4+C4+D4+E4/4 ☐   ② =(B4+C4+D4+E4)/4 ☐

③ =MITTELWERT(B4:E4) ☐   ④ =4*(B4+C4+D4+E4) ☐

g) Am 25. Februar betrug die Durchschnittstemperatur an der Messstation 1,8 °C.
Gib hierzu vier mögliche Messwerte an (für 1.00 Uhr, 7.00 Uhr, 13.00 Uhr, 19.00 Uhr).

Aufgaben ohne Hilfen: Beispiel 3 – Grundriss Schule

Die Abbildung stellt einen vereinfachten, aber maßstabsgerechten Grundriss der Stadtturm-Schule dar.

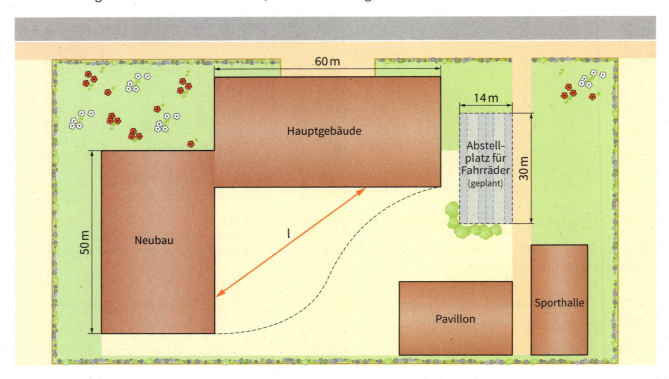

a) Zeige anhand der Abbildung, dass der Grundriss im Maßstab 1 : 1000 angefertigt wurde.

b) An einem Schultag geht die Schulleiterin 8-mal über den Schulhof. Ihr Weg l ist in dem Grundriss durch einen Pfeil gekennzeichnet. Welche Strecke legt sie dabei insgesamt zurück? Notiere deine Rechnung.

Die Schülerinnen und Schüler wurden gefragt, mit welchen Verkehrsmitteln sie überwiegend zur Schule kommen. Die Ergebnisse der Umfrage sind in der folgenden Häufigkeitstabelle festgehalten.

Straßenbahn	Bus	Pkw	Fahrrad	zu Fuß
400	350	50	200	150

c) Wie viele Schülerinnen und Schüler wurden befragt?

d) Stelle das Ergebnis der Umfrage in einem Säulendiagramm dar.

Neben dem Hauptgebäude soll wie im Grundriss abgebildet ein neuer Fahrradabstellplatz angelegt werden.

e) Schätze, wie viele Fahrräder auf dem Platz abgestellt werden können. Begründe deine Schätzung mithilfe der abgebildeten Skizze.

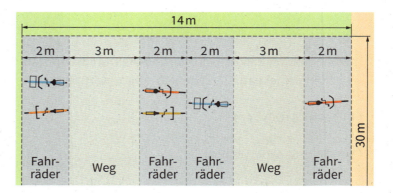

Das Flächenstück des Schulhofs zwischen dem Hauptgebäude, dem Neubau und der gestrichelten Linie soll neu gestaltet werden.

f) Bestimme ungefähr den Inhalt dieser Fläche. Notiere deine Rechnung.

Aufgaben ohne Hilfen: Beispiel 4 – Testfahrt

Ein Automobilkonzern testet seine beiden selbstfahrenden Autos „Ipsum" und „Vadere" auf einer Teststrecke. Der Verlauf vom Auto Ipsum ist vereinfacht im Diagramm dargestellt.

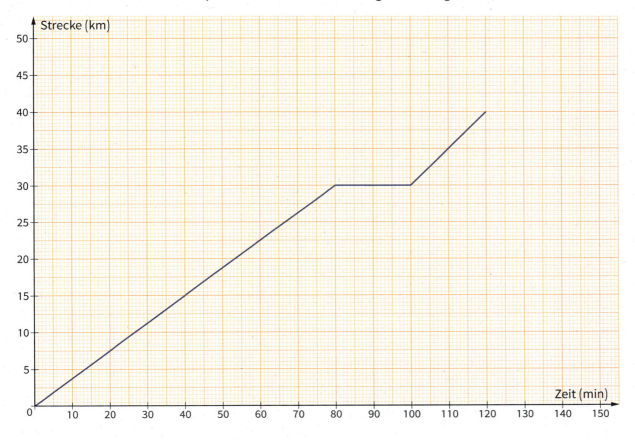

a) Wie lange benötigt das Auto Ipsum für 15 km?

b) Damit die Kfz-Mechatroniker Einstellungen und Tests am Auto vornehmen konnten, haben sie die Fahrt unterbrochen.
Begründe mithilfe des Graphen, dass das Auto eine Zeit lang nicht gefahren ist. Gib auch an, wie lange es nicht gefahren ist.

c) Einer der Mechatroniker meint: „Das Auto fuhr schneller, nachdem wir die Einstellungen vorgenommen hatten." Hat er recht? Begründe.

Das Auto Vadere ist 20 Minuten später mit der bereits richtigen Einstellung losgefahren.

d) Zeichne die Fahrt des Autos als Graph in das Koordinatensystem ein.

e) Zeige, dass das Auto Vadere mit einer Geschwindigkeit von 30 $\frac{km}{h}$ fährt.

f) Eine Mechatronikerin behauptet: „Vadere hat Ipsum überholt, als wir die neuen Einstellungen bei Ipsum vorgenommen haben." Begründe, dass die Behauptung der Mechatronikerin stimmt.

Aufgaben ohne Hilfen: Beispiel 5 – Smartphone

Rebecca möchte sich in vier Jahren ein neues Smartphone kaufen. Sie hat im Januar 2018 200 € auf ein Sparkonto eingezahlt. Im Januar 2019, 2020 und 2021 will sie jeweils 200 € auf das Konto einzahlen. Zur besseren Übersicht benutzt Rebecca eine Tabellenkalkulation.

	A	B	C	D
1	Sparkonto für mein Smartphone			
2				
3		jährliche Einzahlung (€)	200,00	
4		Zinssatz (%)	1,25	
5				
6	Jahr	Guthaben zu Beginn des Jahres (€)	Zinsen (€)	Guthaben am Ende des Jahres (€)
7	1	200,00	2,50	202,50
8	2	402,50	5,03	407,53
9	3	607,53	7,59	615,12
10	4	815,12	10,19	825,31

a) Welchen Betrag zahlt Rebecca in den vier Jahren insgesamt auf das Sparkonto ein?

b) Bestätige mithilfe der Angaben in Zeile 7 durch eine Rechnung, dass der jährliche Zinssatz 1,25 % beträgt.

c) Zelle B8 zeigt das Guthaben zum Beginn des zweiten Sparjahres an.
Gib eine Formel an, mit der Rebecca diesen Wert berechnen kann.

d) Kreuze an, welche der drei Formeln Rebecca für die Zelle C8 benutzt hat:

= B8*1,25   ☐

= B8*C4/100   ☐

= B8*C4/12   ☐

Rebecca möchte ihr jetziges Smartphone versichern, sodass sie die nächsten 4 Jahre im Schadensfall abgesichert ist. Hierzu hat sie sich zwei Versicherungen angesehen:

Versicherung A	Versicherung B
Geschützt gegen: ✓ Sturz- und Bruchschäden ✓ Wasser- und Feuchtigkeit 50 € Selbstbeteiligung 4,99 € monatlich	Geschützt gegen: ✓ Sturz- und Bruchschäden ✓ Wasser- und Feuchtigkeit Monatliche Kosten: 1,99 € + 1 % des Kaufwerts

e) Rebeccas Freundin Pia hat die Versicherung A gewählt. Nach zwei Jahren ist ihr Smartphone defekt. Berechne, welche Kosten ihr bis dahin insgesamt entstanden sind.

f) Die monatlichen Kosten für Versicherung B können so berechnet werden:

$$\text{Kosten} = \frac{1{,}99 + x \cdot 1}{100} \cdot y$$

Gib die Bedeutung von x und y in dieser Rechnung an.

Aufgaben ohne Hilfen: Beispiel 6 – Ferienhaus

Ferienhäuser aus Holz nach finnischem Vorbild sind sehr beliebt. Die Grundfläche ist ein regelmäßiges Sechseck. Die Maße des Sechsecks kannst du der Abbildung entnehmen.

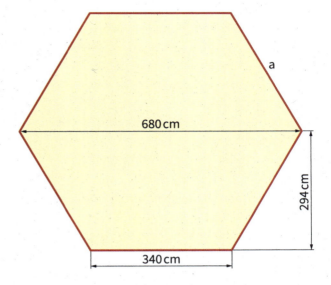

a) Wie weit sind die gegenüberliegenden Seiten jeweils voneinander entfernt?

b) Zeige durch eine Rechnung, dass der Flächeninhalt der sechseckigen Grundfläche ungefähr 30 m² beträgt.

c) Bei diesem Ferienhaus sind alle Seiten gleich lang. Weise durch eine Rechnung nach, dass die Seite a auch eine Länge von ungefähr 3,40 m hat.

d) Bestimme den Flächeninhalt des Schlafzimmers und des Bades bei dem folgenden Grundriss.

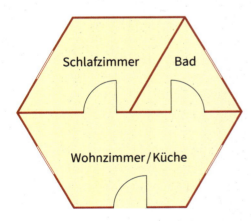

e) Der Boden wird komplett mit Laminat ausgelegt. Das Material wird in Paketen zu je 1,4 m² geliefert. Aufgrund des Verschnitts müssen 12 % mehr als benötigt eingekauft werden. Bestimme die Anzahl der Pakete, die bestellt werden müssen.

Aufgaben ohne Hilfen: Beispiel 7 – Kerzenherstellung

Paula und Hasan wollen für eine Geburtstagsfeier Kerzen herstellen. In einem Geschäft für Bastelbedarf kaufen sie die beiden abgebildeten Gießformen.

Gießform I 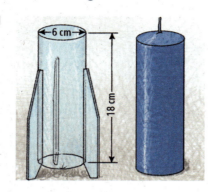 Gießform II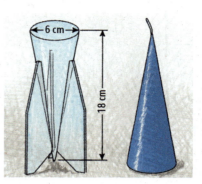

a) Welche geometrische Form erhalten die hergestellten Kerzen?

Paula und Hasan wollen Kerzen aus Bienenwachs herstellen. Ein Kubikzentimeter Bienenwachs hat eine Masse von 0,95 g.

b) Die Gießform I soll vollständig mit Wachs gefüllt werden. Berechne, wie viel Gramm Wachs dafür benötigt werden.

c) Begründe, dass für die vollständig gefüllte Gießform II nur ein Drittel des Wachses von Gießform I benötigt wird.

Paula will fünf gleich hohe Kerzen mit der Gießform I herstellen. Dafür hat sie 2 kg Bienenwachs gekauft. Zwei Kilogramm Bienenwachs haben ein Volumen von 2105 cm³.

d) Berechne, wie hoch die Gießform I jetzt bei jedem Gießvorgang gefüllt wird.

Hasan will die Brenndauer einer 15 cm hohen Kerze der Gießform I bestimmen. Er findet im Internet den Hinweis, dass diese Kerze in einer Stunde 1,5 cm abbrennt.

e) Zeichne den Graphen der Funktion „Brenndauer ⟶ Höhe der Kerze" in das Koordinatensystem. Lege dafür eine Wertetabelle an. Gib auch die Funktionsgleichung an.

f) Nach wie vielen Stunden ist die Kerze vollständig abgebrannt?

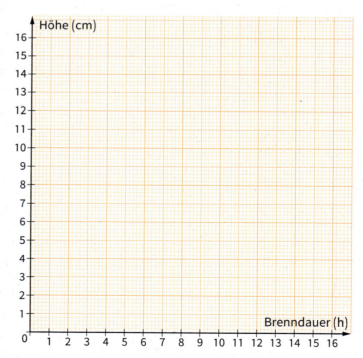

Aufgaben ohne Hilfen: Beispiel 8 – Haustür

Familie Rudolph hat für den Neubau ihres Hauses eine Haustür mit drei viereckigen Glaseinsätzen bestellt.

a) Gib an, welchen Vierecksformen die Glaseinsätze entsprechen.

b) Zeige, dass der Flächeninhalt der einzelnen Glasflächen insgesamt 6550 cm² beträgt.

c) Herr Rudolph ist der Meinung, dass genau die Hälfte der Türfläche aus Glas ist. Zeige, dass die Fläche der Fenster nur ungefähr 33 % der Türfläche ausmacht.

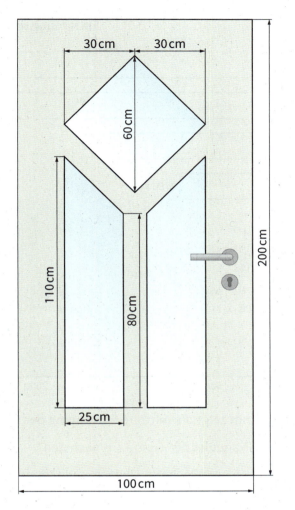

Verbund-Sicherheitsglas
VSG   8 mm, klar 41,00 €/m²
VSG 10 mm, klar 49,50 €/m²
VSG 12 mm, klar 61,00 €/m²
VSG 16 mm, klar 91,00 €/m²

d) Die Glaseinsätze der Tür werden aus Verbund-Sicherheitsglas (VSG) angefertigt. Familie Rudolph entscheidet sich für VSG 16 mm. Der Fensterbauer berechnet für die Sonderanfertigung der Einsätze einen Preisaufschlag von 144 %. Wie hoch sind die Kosten für die Glaseinsätze?

e) Den oberen Glaseinsatz der Außenseite möchte Frau Rudolph gern mit silberfarbenen Leisten umrandet haben. Berechne die Gesamtlänge der benötigten Leisten.

Aufgaben ohne Hilfen: Beispiel 9 – Planeten

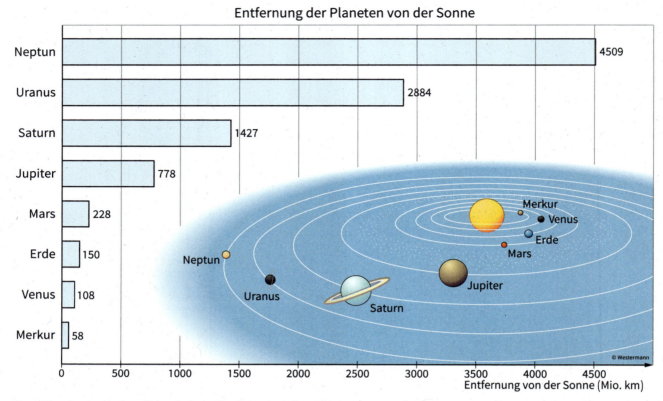

Das Diagramm zeigt die mittlere Entfernung der Planeten von der Sonne in Millionen Kilometer.

a) Welcher Planet ist der Sonne am nächsten?

b) Zeige durch eine Rechnung, welcher Planet der Erde am nächsten kommt.

c) Die Entfernung der Erde von der Sonne beträgt ungefähr 150 000 000 km. Diese Größe kann auch anders angegeben werden. Kreuze an. Mehrere Angaben können richtig sein.

	richtig	falsch
$150 \cdot 10^6$ km	☐	☐
$150 \cdot 1^6$ km	☐	☐
$1{,}5 \cdot 10^8$ km	☐	☐
150^8 km	☐	☐

d) Gib die kürzeste Entfernung zwischen Erde und Neptun als Zehnerpotenz an.

e) Die Masse des Mars beträgt etwa 10,7 % der Erdmasse. Die Erde hat eine Masse von ungefähr $6 \cdot 10^{24}$ kg. Berechne die Masse des Mars in Kilogramm.

f) Luca hat begonnen, die Zusammensetzung der Erdatmosphäre in einem Kreisdiagramm zu veranschaulichen. Die Erdatmosphäre besteht zu 78 % aus Stickstoff, 21 % aus Sauerstoff, 1 % aus anderen Gasen.
Zeichne den Sauerstoffanteil in das Kreisdiagramm ein. Berechne zunächst die Größe des zugehörigen Winkels.

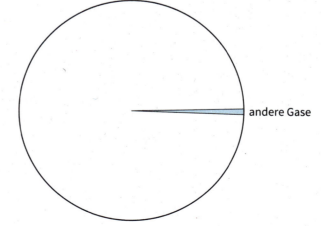

Aufgaben ohne Hilfen: Beispiel 10 – Bahnreise

Frau Riedel reist mit der Bahn von A-Stadt nach D-Stadt. Der Verlauf ist in dem folgenden Diagramm dargestellt.

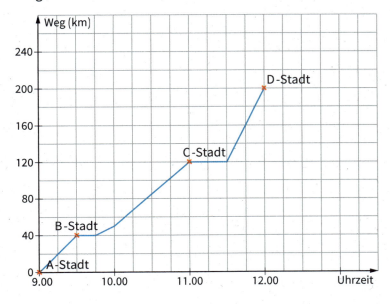

a) Wie lange dauert die Reise insgesamt?
   Wie viel Kilometer legt sie bei ihrer Reise zurück?
   Wie lange dauert ihr Aufenthalt in C-Stadt?

b) Auf welchem Streckenabschnitt fährt sie mit der höchsten Durchschnittsgeschwindigkeit?

c) Berechne die Durchschnittsgeschwindigkeit auf der Strecke von A-Stadt nach B-Stadt.

d) Im Jahr 2017 hat die Deutsche Bahn 2,365 Millionen Fahrgäste befördert. Das war eine Steigerung um 7,5 % im Vergleich zum Vorjahr. Berechne, wie viele Passagiere im Jahr 2016 gereist sind.

Frau Meyer besucht ihren Sohn in Sehnde. Am Hauptbahnhof in Hannover schaut sie sich den Fahrplan der S-Bahn an.

Haltestellen	Hannover - Lehrte - Sehnde - Hildesheim													Quelle: DB Hannover
	Montag - Freitag												
Fahrradbeförderung	🚲	🚲	🚲	🚲	🚲	🚲	🚲		🚲	🚲		🚲	🚲
	S	S	S	S	S	S	S		S	S		S	S
Hannover Hbf	0.34	5.34		6.34		7.34	8.34	alle	22.34	23.34		0.34	5.34
H–Kleefeld	0.38	5.38		6.38		7.38	8.38	60	22.38	23.38		0.38	5.38
H–Karl-Wiechert-Allee	0.40	5.40		6.40		7.40	8.40	Min.	22.40	23.40		0.40	5.40
H–Anderten/Misburg	0.43	5.43		6.43		7.43	8.43		22.43	23.43		0.43	5.43
Ahlten	0.46	5.46		6.46		7.46	8.46		22.46	23.46		0.46	5.46
Lehrte an	0.50	5.50		6.50		7.50	8.50		22.50	23.50		0.50	5.50
Lehrte ab	0.51	5.51	6.30	6.51	7.36	7.51	8.51		22.51	23.51		0.51	5.51
Sehnde	0.59	5.59	6.39	6.59	7.44	7.59	8.59		22.59	23.59		0.59	5.59
Algermissen	1.04	6.04	6.44	7.04	7.49	8.04	9.04		23.04	0.04		1.04	6.04
Harsum	1.08	6.08	6.48	7.08	7.53	8.08	9.08		23.08	0.08		1.08	6.08
Hildesheim Hbf	1.13	6.13	6.53	7.13	7.58	8.13	9.13		23.13	0.13		1.13	6.13

e) Wie viele Minuten dauert die Fahrt von Hannover Hauptbahnhof nach Sehnde?

f) Sie möchte um 12:15 Uhr in Sehnde sein. Wann muss sie am Hauptbahnhof abfahren?

Aufgaben ohne Hilfen: Beispiel 11 – Ausbildung

Lena will die durchschnittliche Monatsvergütung in zwei Ausbildungsberufen mithilfe einer Tabellenkalkulation berechnen.

	G4						
	A	B	C	D	E	F	G
1			Monatsvergütung (€) im Ausbildungsjahr				
2			1	2	3	4	
3	Berufsbezeichnung	Ausbildungsmonate	12 Monate	12 Monate	12 Monate	6 Monate	durchschnittliche Monatsvergütung
4	Kaufmann/frau	36	760,00	850,00	970,00		860,00 €
5	Industriemechaniker/in	42	860,00	950,00	1020,00	1150,00	

a) Für die Kauffrau/den Kaufmann im Einzelhandel hat Lena in Zelle G4 die durchschnittliche Monatsvergütung während der gesamten Ausbildung ermittelt.
Überprüfe diesen Wert durch eine Rechnung.

b) Notiere eine Formel, um den Wert in Zelle G4 zu berechnen.

c) Berechne die monatliche Durchschnittsvergütung während der gesamten Ausbildungszeit für den Industriemechaniker/die Industriemechanikerin.
Beachte, dass die Ausbildungszeit im 4. Ausbildungsjahr nur 6 Monate beträgt. Notiere die Rechnung.

d) Im Internet findet Leon ein Diagramm, das den Jahresverdienst eines Kanalbauers im ersten, zweiten und dritten Ausbildungsjahr darstellt. Beurteile folgende Aussage: „Aus dem Diagramm geht hervor, dass ein Kanalbauer im zweiten Ausbildungsjahr monatlich doppelt so viel verdient wie im ersten Ausbildungsjahr".

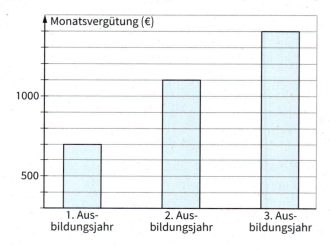

Ayse macht eine Ausbildung zur Holzmechanikerin. Im ersten Ausbildungsjahr hat sie eine Monatsvergütung von 700 Euro.

e) Sie muss 7,3 % der Monatsvergütung für die Krankenversicherung und 1,025 % für die Pflegeversicherung bezahlen. Berechne die Versicherungsbeiträge in Euro.

f) Für die Rentenversicherung werden ihr 65,45 € und für die Arbeitslosenversicherung 10,50 € abgezogen. Wie viel Prozent von der Monatsvergütung werden für die einzelnen Versicherungen einbehalten?

g) Nach Abzug aller Versicherungsbeiträge erhält Ayse 565,78 € ausgezahlt. Wie viel Prozent sind von ihrer Monatsvergütung abgezogen worden? Runde auf eine Stelle nach dem Komma.

Aufgaben ohne Hilfen: Beispiel 12 – Marathon

Laurant trainiert für einen Marathonlauf auf der abgebildeten Laufbahn.

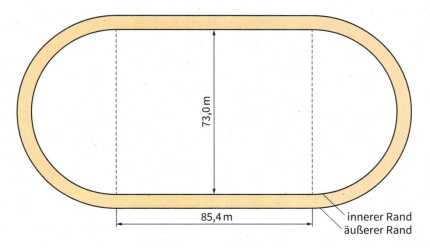

a) Zeige durch eine Rechnung, dass der innere Rand ungefähr 400 m lang ist.

b) Der äußere Rand ist 60 m länger als der innere Rand der Rennstrecke.
Wie viel Prozent ist der äußere Rand länger? Notiere deine Rechnung.

Laurant läuft auf dem inneren Rand und hat seine Rundenzeiten mithilfe eines Fitness-Armbands gemessen:

Runde	Zeit
1	2 min 13,52 s
2	2 min 15,71 s
3	2 min 14,48 s

c) Zeige durch eine Rechnung, dass Laurant in der ersten Runde eine Geschwindigkeit von ungefähr 3 $\frac{m}{s}$ hatte.

d) Bei einem Marathon muss Laurant 42,195 km laufen. Er versucht im Training eine Geschwindigkeit von 3 $\frac{m}{s}$ auf der gesamten Strecke zu halten.
Berechne, wie viele Runden er auf der Laufbahn laufen muss und wie viel Minuten er hierfür benötigt.

e) Laurant überlegt, wie viele Sekunden er benötigt, wenn er bei gleicher Geschwindigkeit eine Runde auf dem äußeren Rand läuft.
Kreuze an, mit welchem Term du das berechnen kannst.

Term	richtig	falsch
460 m · 3 $\frac{m}{s}$	☐	☐
60 m : 3 $\frac{m}{s}$ + 133 s	☐	☐
460 m : 3 $\frac{m}{s}$	☐	☐

Register

Argumentieren und Kommunizieren 68 – 70
arithmetisches Mittel 64

Brüche 27

Definitionsmenge 44
Dezimalzahlen 27 – 29
Diagramme
– Balkendiagramm 62
– Histogramm 63
– Kreisdiagramm 62
– Säulendiagramm 62
– Stängel-und-Blätter-Diagramm 63
– Streifendiagramm 62
Dichte 35
Dreisatz 39, 40
dritte Wurzel 34

Ereignis 67
Ergebnismenge 67

Flächeneinheiten 26, 50
Flächeninhalt
– Rechteck und Quadrat 50
– Parallelogramm, Dreieck, Trapez 51
– Vieleck 52
– Kreis, Kreisring, Kreisausschnitt 53
Funktionsgleichung 44
Funktionsterm 44

gemischte Zahlen 27
Größen 26
Grundwert 41

Häufigkeit
– absolute und relative 61
Häufigkeitstabelle 61

irrationale Zahlen 34

Kapital 43

Längeneinheiten 26, 50
lineare Funktionen 44 – 47
– lineare Zunahme 46
– lineare Abnahme 47
lineare Gleichungen 32
– mit Klammern 32
– Sachaufgaben 33

Masseeinheiten 26
Maßstab 59
Maximum und Minimum 64
Median 64
Modellieren
– lineare Funktionen 47
– Zuordnungen 75
– Funktionen 76
– Geometrie 77
– Statistik und Wahrscheinlichkeitsrechnung 78

Näherungswerte 34
Normalparabel 48

Oberflächeninhalt
– Quader und Würfel 54
– Prisma 55
– Zylinder 56
– Pyramide 57
– Kegel und Kugel 58

Potenzen 36
Problemlösen 71 – 73
– Strategien beim Schätzen 73
Promille 41
Prozente 28
Prozentsatz 41
Prozentwert 41
prozentuale Veränderungen 42

quadratische Funktionen 48
quadratische Gleichungen 32
Quadratwurzel 34

rationale Zahlen 30, 34
Raumeinheiten 26, 54
Rechnen mit Formeln 35

Satz des Pythagoras 60
– Kathete und Hypotenuse 60
Scheitelpunkt 48
Spannweite 64
Steigung 44
Strichliste 61

Tabellenkalkulation 81-84
Tageszinsen 43
Taschenrechner 79, 80
Terme 31

Umfang
- Rechteck und Quadrat 50
- Kreis 53

Urliste 61

Variable 31
Vergrößern und Verkleinern 59
Volumen
- Quader und Würfel 54
- Prisma 55
- Zylinder 56
- Pyramide 57
- Kegel und Kugel 58

Wachstum
- lineares 49
- quadratisches 49
- exponentielles 49

Wahrscheinlichkeit 66
Weg-Zeit-Diagramm 46
Wertemenge 44

Zehnerpotenzen 36
- mit negativen Exponenten 36

Zeiteinheiten 26
Zinsen 43
Zinseszinsen 43
Zinssatz 43
Zufallsexperimente 66
Zuordnungen 37
- antiproportionale 40
- proportionale 39
- Graph 37
- Pfeildiagramm 37
- Tabelle 37

Zuordnungsvorschrift 44

Lösungen

Größen

Zu Seite 26

1 a) 800 cm b) 6000 m c) 9 km
   321 cm   5 m   0,5 km

2 a) 2,90 m b) 600 m
   2,55 m   2850 m

3 a) 7,67 m b) 4,8 km c) 3,5 cm
   1,09 m   1,24 km   1,11 m

4 a) 5 m²   b) 15 000 cm² c) 40 000 m²
   4,15 m²   6500 cm²   5000 m²

5 a) 15 m² b) 0,09 m² c) 90 000 m²
   4,5 m²   0,48 m²   1 200 000 m²

6 a) 3000 dm³ b) 2 m³   c) 4200 cm³
   500 dm³   3,7 m³   0,2 dm³

7 a) 3 l   b) 2 l   c) 3000 l d) 2,5 l
   1,2 l   4,5 l   500 l   0,75 l

8 a) 43,2 m³ b) 1,62 m³
   5,6 m³   0,9 m³

9 a) 5,7 kg b) 3,7 t
   2,35 kg   4,35 t

10 a) 480 s   b) 11 min c) 45 min
    240 min   4 h   90 min

Brüche, Dezimalzahlen, Prozente

Zu Seite 27

1 a) $\frac{3}{12}$ b) $\frac{8}{20}$ c) $\frac{8}{12}$ d) $\frac{35}{42}$

2 a) $\frac{3}{4}$ b) $\frac{1}{5}$ c) $\frac{4}{5}$ d) $\frac{3}{4}$ e) $\frac{2}{7}$

3 a) $\frac{5}{7}$ b) $\frac{2}{9}$ c) $\frac{7}{8}$ d) $\frac{11}{18}$

   $\frac{10}{11}$ $\frac{7}{13}$ $\frac{1}{10}$ $\frac{9}{10}$

4 a) $\frac{10}{21}$ b) $\frac{10}{11}$ c) $\frac{10}{39}$ d) $\frac{7}{30}$

   $\frac{28}{45}$ $\frac{35}{48}$ $\frac{14}{33}$ $\frac{21}{80}$

5 a) $\frac{3}{4}$ b) $\frac{3}{10}$ c) $\frac{2}{15}$ d) $\frac{1}{10}$

6 a) $\frac{2}{3}$ b) $\frac{3}{4}$ c) $\frac{3}{4}$ d) $\frac{9}{2}$

7 a) 15 m   b) 22 g   c) 20 m³
   3 €   22 €   4 km
   7 kg   35 cm   18 t

Lösungen

8 a) 30 g b) $\frac{1}{3}$
32 € $\frac{1}{5}$

9 a) $2\frac{1}{2}$ $1\frac{3}{5}$ $2\frac{1}{3}$ $2\frac{3}{10}$ $2\frac{1}{8}$ $5\frac{1}{4}$

b) $\frac{5}{3}$ $\frac{7}{4}$ $\frac{11}{5}$ $\frac{18}{7}$ $\frac{19}{6}$ $\frac{38}{9}$

Zu Seite 28

10 a) 0,0001 b) 0,3 c) 0,61 d) 0,563 e) 0,07

11 a) $\frac{7}{10}$ b) $\frac{1}{5}$ c) $\frac{3}{4}$ d) $\frac{3}{25}$ e) $\frac{3}{2}$
$\frac{73}{100}$ $\frac{4}{5}$ $\frac{1}{4}$ $\frac{1}{20}$ $\frac{6}{5}$

12 a) $\frac{25}{100}=0{,}25$ b) $\frac{8}{10}=0{,}8$ c) $\frac{22}{100}=0{,}22$ d) $\frac{85}{100}=0{,}85$ e) $\frac{226}{1\,000}=0{,}226$

13 a) 0,625 b) 0,325 c) $0{,}1\overline{6}$ d) $0{,}\overline{4}$ e) $0{,}41\overline{6}$

14 a) 2,14 < 2,15 b) 0,011 > 0,01 c) 4,347 < 4,35 d) 0,001 < 0,01
2,45 > 2,44 2,21 > 2,12 8,56 < 8,605 2,50 = 2,5
4,99 > 3,99 0,14 < 0,41 1,98 > 0,999 0,101 > 0,011

15 a) 4,33 21,88 7,88 12,20 6,01
0,24 0,68 0,09 0,01 1,01
b) 1,6 4,9 13,0 1,5 7,0
0,8 1,1 2,9 0,1 1,0
c) 17,093 0,005 2,100 11,357 5,680
2,778 0,099 2,456 0,009 2,000

16 a) 0,01 = 1 % b) 0,25 = 25 % c) 0,671 = 67,1 % d) 0,2 = 20 % e) 0,38 = 38 %
0,17 = 17 % 0,1 = 10 % 0,013 = 1,3 % 0,75 = 75 % 0,85 = 85 %

17 a) $\frac{19}{100}$ b) $\frac{3}{10}$ c) $\frac{3}{4}$ d) $\frac{9}{20}$ e) $\frac{4}{25}$

Zu Seite 29

18 a) 8,69 b) 4,25 c) 5,937 d) 9,31
55,8 14,2 1,682 3,829
0,88 0,23 4,878 0,9311

e) 7,309 f) 9,041 g) 13,758
23,187 0,262 5,729
3,967 0,7537 23,78

19 a) 17 b) 5,1 c) 0,034
170 51 0,34
1700 510 3,4
170 000 51 000 340

d) 12,55 e) 1,21 f) 0,036
1,255 0,121 0,0036
0,1255 0,0121 0,00036
0,001255 0,000121 0,0000036

20 a) 4,32 b) 1,9494 c) 0,1288 d) 11,997
13,02 2,697 0,1225 1,77
35,04 20,794 0,000482 2,2876

Lösungen

e) 0,0925
0,02016
0,02048

f) 0,001771
0,006642
0,002139

21 a) 60
75
242

b) 350
7 900
14 600

c) 9,23
23,4
8,6

d) 0,532
0,625
0,2922

e) 4,81
16,12
14,556

f) 3,12
0,1755
0,1247

g) 9,39
0,0257
0,0152

h) 152,7
3,541
22,63

Rationale Zahlen

Zu Seite 30

1 a) $-11 < -9 < -8 < -5 < -3 < -1 < 0 < 1 < 7 < 9$
b) $-2,3 < -2,1 < -1,9 < -0,9 < -0,8 < 0,9 < 1,9 < 2,1$
c) $-1,1 < -0,1 < 0 < 0,1 < 0,2 < 0,3 < 1,1$
d) $-7,5 < -7,3 < -7,1 < -7 < -6,9 < -6,8 < -6,5 < -6$
e) $-3 < -2 < -1\frac{1}{2} < -1 < -\frac{1}{2} < \frac{1}{2} < 1\frac{1}{2} < 2\frac{1}{2}$

2 a) z. B.: $-3,5; -4; -5\frac{1}{6}$

b) z. B.: $-19; -16,3; -13\frac{1}{5}$

c) z. B.: $-13; -9,7; -5\frac{1}{2}$

d) z. B.: $-0,9; -0,7; -0,1$

3 a) 1
−20
19

b) 16
−14
−14

c) −9
−16
21

d) −12
29
9

e) −1
−10
−88

f) −10
−34
12

g) −27
14
−15

h) −12
−66
26

i) −2
−6
−3,4

k) −1,7
−8,4
−10

l) $\frac{1}{9}$
$-\frac{4}{9}$
$-\frac{5}{11}$

m) $-\frac{12}{13}$
$\frac{4}{15}$
$\frac{2}{7}$

4 a) 24
−27
−22

b) −75
−84
115

c) 33
−80
−98

d) −4
7
3

e) −5
3
−20

f) −9
6
−12

g) −5
−65
−9

h) 84
8
70

i) −560
−11
−360

5 a) −10
−100
52

b) −43
−48
−151

c) 17
−8
8

d) −20
−2
0

3

Lösungen

Terme

Zu Seite 31

1

x	4x	x + 7	10 − x	2x − 1	$x^2 + 1$
3	12	10	7	5	10
8	32	15	2	15	65
−5	−20	2	15	−11	26
$\frac{1}{2}$	2	$7\frac{1}{2}$	$9\frac{1}{2}$	0	$1\frac{1}{4}$

2 a) u = 2x + 2y = 2(x + y)   b) u = 2s + r   c) u = 5a
    d) u = 5a + 2b   e) u = x + 2y + 2z   f) u = 16r

3 a) 10a   b) 10a   c) −5x   d) 15x   e) 13x + 8y
     7x   6t   −2y   12r   7u − 2v
     23u   p   −8q   7a   r − 12s

4 a) 6x + 6y   b) 2a + 6   c) 4x − 28   d) −6x + 3y − z   e) −8u + 16v
     7r − 7s   9b − 36   3t + 3   −r + 2s − 4t   −24p + 6q
     2a + 2b   45 + 5c   8 − 2k   −a + 4b + 5c   −63a + 14b

5 a) 7(x + y)   b) 5(x + y)   c) 6(r + 2)   d) 7(x + 3)   e) 5(a + b + c)
     8(p − q)   3(r − s)   9(u − 2)   3(k − 3)   3(r + 2s + 4t)
     11(a + b)   4(u − v)   10(x + 2)   11(z + 4)   4(x − 4y − 5z)

Lineare und quadratische Gleichungen

Zu Seite 32

1 a) x = 8   b) x = 16   c) x = 6   d) x = 6   e) x = 3   f) x = 2
     x = 4   x = 11   x = 20   x = 4   x = 4   x = 5
     x = 9   x = 8   x = 10   x = 4   x = 9   x = 3

     g) x = 8   h) x = 6   i) x = 2   k) x = 5   l) x = −2
     x = 6   x = 3   x = 7   x = 2   x = 9
     x = 5   x = 2   x = 4   x = 4   x = −9

2 a) x = 4   b) x = 11   c) x = 3
     x = 4   x = 6   x = 10
     x = 2   x = 9   x = 1

3 a) x = 3   b) x = 3
     x = 9   x = 9
     x = 6   x = 4

4 a) x = 4   b) x = −2
     x = 5   x = −4
     x = 7   x = −3

5 a) L = {6; −6}   b) L = {4; −4}   c) L = {8; −8}
     L = {11; −11}   L = {9; −9}   L = {5; −5}
     L = {20; −20}   L = {5; −5}   L = {11; −11}

Lösungen

Sachaufgaben mithilfe von Gleichungen lösen

Zu Seite 33

1 a) $5x - 22 = 78$; $x = 20$ b) $11x + 17 = 50$; $x = 3$
c) $7x^2 = 175$; $x = 5$ oder $x = -5$ d) $5x - 39 = 2x$; $x = 13$
e) $\frac{1}{2}x + 7 = 10$; $x = 6$ f) $2x^2 + 28 = 60$; $x = 4$ oder $x = -4$
g) $4x + 2x = 54$; $x = 9$

2 a) $u = 3x + 5 = 35$; $x = 10$; die Grundseite ist 15 cm lang, die Schenkel sind jeweils 10 cm lang.
b) $u = 4x + 14 = 70$; $x = 14$; eine Seite des Rechtecks ist 14 cm lang, die andere ist 21 cm lang.
c) $u = 4x - 10 = 50$; $x = 15$; eine Seite des Parallelogramms ist 15 cm lang, die andere ist 10 cm lang.

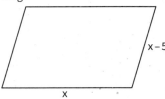

d) $u = x + 3x + (x + 40) + (x - 4) = 120$; $6x + 36 = 120$; $x = 14$

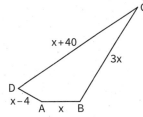

3 a) $8 \cdot 2x + 4x = 90$; $20x = 90$; $x = 4,5$
Die Höhe ist 4,5 cm lang, die Grundkante ist 9 cm lang.
b) $8x + 4(x - 7) = 80$; $12x - 28 = 80$; $x = 9$
Die Grundkante ist 9 cm lang, die Höhe ist 2 cm lang.

Quadratwurzeln und dritte Wurzeln

Zu Seite 34

1 a) 5 b) 9 c) 16 d) 60
3 20 11 50
7 13 17 100

e) 0,3 f) 1,1 g) $\frac{1}{2}$ h) $\frac{6}{7}$
0,2 1,2 $\frac{1}{8}$ $\frac{8}{25}$
0,7 2,5 $\frac{3}{4}$ $\frac{13}{20}$

2 a) 3 b) 7 c) 0,5 d) 20
2 5 0,2 10
4 8 0,4 40

3 a) $\sqrt{12} < 4$ b) $\sqrt{40} > 6$ c) $\sqrt{52} > 7$
$\sqrt{21} > 4$ $\sqrt{44} < 7$ $\sqrt{33} < 6$
$\sqrt{19} < 5$ $\sqrt{79} < 9$ $\sqrt{70} > 8$

Lösungen

4 a) Quadrat A: 26 cm   Quadrat B: 60 cm   Quadrat C: 3,12 m   Quadrat D: 2,1 m

5 $\sqrt{9} = 3$ (rational); $\sqrt{11} \approx 3{,}3166$ (irrational); $\sqrt{20} \approx 4{,}4721$ (irrational); $\sqrt{25} = 5$ (rational)
$\sqrt{16} = 4$ (rational); $\sqrt{21} \approx 4{,}5825$ (irrational); $\sqrt{36} = 6$ (rational); $\sqrt{29} \approx 5{,}3851$ (irrational)

6 a) 7,21   b) 8,19   c) 10,49   d) 3,71
       5,74   9,75   9,38   3,94
       4,24   8,31   11,05   4,66

7 a) $\sqrt{9} < \sqrt{11} < \sqrt{16}$; $3 < \sqrt{11} < 4$
    b) $5 < \sqrt{30} < 6$

Umstellen von Formeln

Zu Seite 35

1 $a = 42$ cm

2 a) $g = \frac{2A}{h}$; $g = 9$ cm

  b) $h = \frac{2A}{g}$; $h = 8$ cm

3 a) $h = \frac{A}{g}$; $h = 4{,}5$ cm

  b) $h = \frac{2A}{a+c}$; $h = 4{,}5$ cm

4 a) $h_k = \frac{V}{a^2}$; $h_k = 10{,}5$ cm

  b) $a = \sqrt{\frac{V}{h_k}}$; $a = 6{,}5$ cm

  c) $h_k = \frac{3V}{a^2}$; $h_k = 6$ cm

  d) $a = \sqrt{\frac{3V}{h_k}}$; $a = 7{,}5$ cm

5 Der ICE benötigt 4 Stunden und 45 Minuten.

6 Das Volumen beträgt $370{,}\overline{370}$ cm³.

Potenzen

Zu Seite 36

1 a) 4^8; 2^{10} b) a^7; p^{10}

2 a) $\frac{1}{1\,000} = 0{,}001$ b) $\frac{1}{10\,000\,000} = 0{,}0000001$ c) $\frac{1}{100} = 0{,}01$ d) $\frac{1}{100\,000\,000} = 0{,}00000001$

3 a) 3 000   b) 600   c) 36 000
       400   4 000   4 800
       500 000   30 000   1 200 000

4 a) 0,005   b) 0,0007   c) 0,00014
       0,0002   0,00009   0,0025
       0,03   0,00000005   0,00017

Lösungen

5 a) $2 \cdot 10^4$ b) $7 \cdot 10^5$ c) $1,1 \cdot 10^4$ d) $3 \cdot 10^{-4}$
   $3 \cdot 10^5$ $2 \cdot 10^6$ $8,7 \cdot 10^6$ $4 \cdot 10^{-3}$
   $5 \cdot 10^3$ $1 \cdot 10^7$ $3,2 \cdot 10^5$ $8 \cdot 10^{-5}$

   e) $7 \cdot 10^{-2}$ f) $2,2 \cdot 10^{-3}$
   $6 \cdot 10^{-5}$ $1,5 \cdot 10^{-4}$
   $5 \cdot 10^{-4}$ $3,7 \cdot 10^{-2}$

6 a) 10^6 b) $6 \cdot 10^5$ c) $1,5 \cdot 10^8$ d) 10^{-5}

   e) $6 \cdot 10^{-6}$ f) $2 \cdot 10^{-5}$

Zuordnungen

Zu Seite 37

1

Name	Körpergröße (cm)
Sarah	165
Alina	172
Lena	170
Sören	182
Jannis	179
Betül	165

2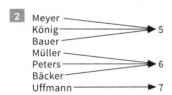

3

Unterrichtsfach	Wochenstundenzahl
Mathematik	5
Deutsch	5
Musik	2
Sport	2
Englisch	3

4

Lösungen

5

Zeit (min)	Temperatur (°C)
0	18
0,5	27
1	36
1,5	45
2	55
2,5	64
3	73
3,5	82
4	90
4,5	96
5	98
5,5	99
6	100
6,5	100
7	100

6

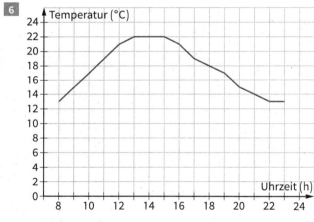

Zu Seite 38

7
a) Die Wassermenge wird dem Wasserstand zugeordnet.
b) Wasserstand: 25 cm (50 cm)
c) Es müssen 200 Liter eingefüllt werden.
d) Gefäß A, da dieses Gefäß bereits Wasser enthält (y-Achsenabschnitt ist 20)

Lösungen

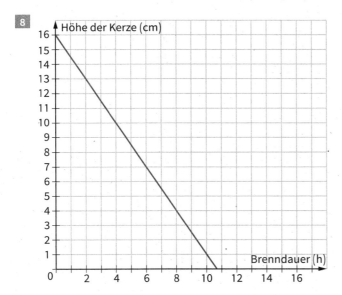

Proportionale Zuordnungen

Zu Seite 39

1 a)

kg	€
12	4,80
24	9,60
36	14,40
6	2,40
4	1,60

b)

l	km
18	450
6	150
3	75
2	50
54	1 350

c)

kg	€
14,4	3,60
4,8	1,20
1,6	0,40
0,8	0,20
72	18

d)

kg	€
6	13,08
1	2,18
5	10,9

e)

l	km
8	154
2	38,5
4	77

f)

kg	€
3,5	21,84
1,0	6,24
2,5	15,6

2 Fahrstrecke: 12 km (1,8 km, 36 km)

3 Es müssen 2 700 Dachziegel bestellt werden.

4 Kraftstoff: 11,52 Liter (12,96 Liter; 7,2 Liter)

5 Masse eines Goldbarrens: 10 422 g (13 992,5 g)

6 Energiekosten: 0,13 € (0,40 €; 2,40 €)

7 Entfernung: 480 km; 19,2 cm

Lösungen

8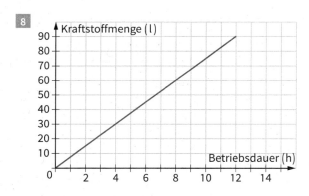

Antiproportionale Zuordnungen

Zu Seite 40

1 a)
Anzahl	Tage
6	18
12	9
24	4,5
3	36

b)
cm	cm
10	60
20	30
30	20
5	120

c)
cm	cm
14,4	24
4,8	72
1,2	288
28,8	12

d)
Anzahl	Tage
12	14
1	168
7	24

e)
cm	cm
45	64
5	576
80	36

f)
cm	cm
12,5	14,4
2,5	72
7,5	24

2 Man erhält 20 Stücke. Das Produkt gibt die Gesamtlänge 300 cm des Isolierbandes an.

3 Drei Dachdecker benötigen 10 Arbeitstage.

4 a) 360 Minuten b) 4 Pumpen

5 a) 46,8 l b) 900 km c) 4,68 l

6 a)
Anzahl der Stücke	2	3	4	5	6	10	12	15	20	30
Stücklänge (m)	30	20	15	12	10	6	5	4	3	2

b)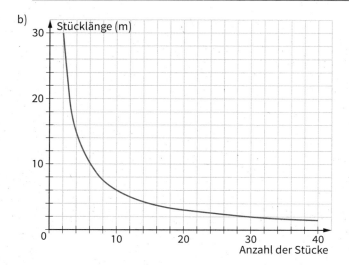

Lösungen

Grundaufgaben der Prozentrechnung

Zu Seite 41

1 a) 6 kg   b) 0,75 €
768 g   2,9 m

2 a) 22 m   b) 750 kg
125 kg   400 €

3 a) 20 %   b) 12,5 %
12,5 %   14 %

4 Früher hat Leon 40 € Taschengeld bekommen, jetzt 48 €.

5 114 Schülerinnen und Schüler sind in Netzwerken angemeldet.

6 11 375 € können für die Umgestaltung des Schulhofs eingesetzt werden.

7 Insgesamt 920 Schülerinnen und Schüler besuchen die Schule.

8 a) verkaufte Eintrittskarten: 71 340   b) Sitzplätze: 35 %

9 a) Zuckeranteil: 65 %   b) 260 g Zucker

10 Anteil unbrauchbarer Chips: 12 %

11 Insgesamt gab es 140 Bewerber.

12 Orangen: 0,2 g Vitamin C, Kiwi: 0,6 g Vitamin C

Prozentuale Veränderungen

Zu Seite 42

1 Er wiegt jetzt 90,1 kg.

2 Lea bekommt jetzt 36 €.

3 Sie verbrauchten in diesem Jahr 3 192 Liter Heizöl.

4 Die Anlage kostet 499,80 €.

5 Nach Abzug des Rabatts kostet die Jeans 53,50 €.

6 Preiserhöhung in Prozent: Stehplatz: ca. 5,9 %; Sitzplatz: 8 %

7 Frühere Abschlagszahlung: 65 €

8 Mitgliederzahl im letzten Jahr: 75 400

9 Der Neuwagen kostete 28 000 €.

10 a) Betrag ohne Mehrwertsteuer: 820 €   b) Mehrwertsteuer: 155,80 €

11 abgeführte Mehrwertsteuer: 4 974,20 €

Lösungen

Zinsrechnung

Zu Seite 43

1 Der Zinssatz beträgt 0,4 %.

2 Das Kapital beträgt 12 500 €.

3 Sie erhält 450 € Zinsen.

4 Sie muss ihr Geld zu einem Zinssatz von 2,1 % anlegen.

5 Er muss 160 € bezahlen.

6 Sie muss 19,83 € bezahlen.

7 Er hat Wertpapiere für 80 000 € gekauft.

8 Der Zinssatz beträgt 2,2 %.

9 Anna müsste 0,33 € Zinsen bezahlen.

10 Das Anfangskapital ist auf 8 123,79 € gestiegen.

11 a) Ja, das Kapital beträgt dann 75 660,07 €.
b) Er müsste 52 548,69 € anlegen.

Lineare Funktionen

Zu Seite 44

1 a) $y = 4x$ b) $y = 0,5x$ c) $y = 2x + 3$

2

x	-4	-3	-2	-1	0	1	2	3	4
f(x)	-2	-1,5	-1	-0,5	0	0,5	1	1,5	2

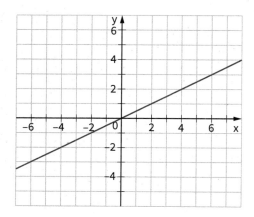

Lösungen

3 a)
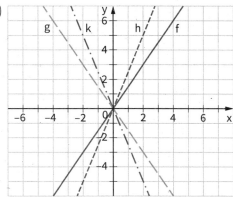
b) größer 0: von unten links nach oben rechts (steigt)
kleiner 0: von oben links nach unten rechts (fällt)

4 f(x) = x   g(x) = 3x   h(x) = −2x   k(x) = −3x

5 a)
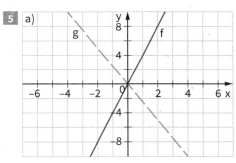

b)
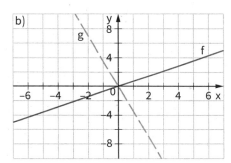

c)
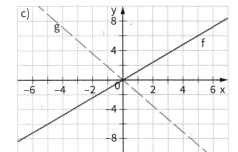

d)
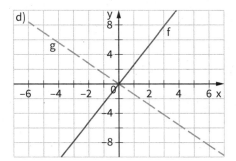

Zu Seite 45

6 a)
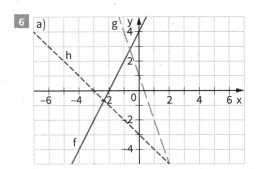

b)
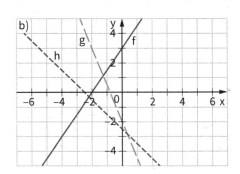

Lösungen

7

Gleichung	Graph	Gleichung	Graph
y = 0,5x − 1	h	y = −2x + 1,5	g
y = −1,5x − 1	k	y = −0,5x + 1,5	f

8 f(x) = 3x − 1   g(x) = 2x + 0,5   h(x) = −0,5x   k(x) = −1   l(x) = −x + 2

9 a) Punkt P liegt nicht auf dem Graphen, Punkt Q liegt auf dem Graphen.
b) Beide Punkte liegen auf dem Graphen.

10 a) 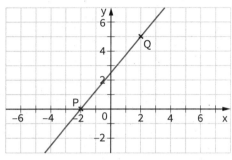   b) m = 1,25   c) y = 1,25x + 2,5

Zu Seite 46

11 a) Die Gruppe startet um 11 Uhr, macht von 13 bis 14 Uhr Pause und ist um 16 Uhr am Ziel.
b) 1. Teilstück: 4 $\frac{km}{h}$;   2. Teilstück: 3,5 $\frac{km}{h}$
c) Gruppe 2 startet um 13 Uhr und ist mit einer Geschwindigkeit von 5 $\frac{km}{h}$ unterwegs.
d) Beide Gruppen treffen sich um 16 Uhr nach 15 km.

12 Der Wasserstand zu Beginn des Füllvorgangs beträgt 20 cm. Der Wasserstand steigt pro Minute um 5 cm. y = 5x + 20

13 Der Füllvorgang dauert 4 Stunden und 40 Minuten.

Zu Seite 47

14 a) Am Anfang sind 60 m³ im Silo, die Futtermenge nimmt pro Tag um 10 m³ ab.
b) y = −10x + 60

15 y = 3x + 5

16 a) y = −6x + 80
b) Er kann 13 Stunden und 20 Minuten betrieben werden.

17 a) Die dickere Kerze brennt länger. (Die dickere Kerze brennt 15 Stunden, die andere 13 Stunden und 20 Minuten.)
b) 40 cm hohe Kerze: y = −3x + 40;   dickere Kerze: y = −2x + 30
c) Nach 10 Stunden Brenndauer sind beide Kerzen 10 cm hoch.

Quadratische Funktionen

Zu Seite 48

1

Gleichung	Parabel	Gleichung	Parabel
y = −0,5x²	h	y = 1,6x²	g
y = 0,7x²	f	y = −2,5x²	k

Lösungen

2 a) x = 3,6   b) x = 7   c) x = 3,5   d) x = 4,8

3 a)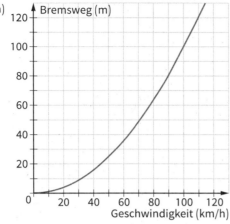

b) Geschwindigkeit des Lkws: ca. 70,71 $\frac{km}{h}$ (77,46 $\frac{km}{h}$; 89,44 $\frac{km}{h}$)
c) Die Geschwindigkeit beträgt 83,67 $\frac{km}{h}$.

4 a) x = 0; das Kabel hängt 10 m über dem Erdboden.
b) f(−30) = 4,5; die Höhe des Masten beträgt 14,5 m.
 f(40) = 8; Die Höhe des Masten beträgt 18 m.

Wachstum

Zu Seite 49

1 a) Der Speicher enthält 436 000 Liter.   b) f(x) = 50x + 4 000

2 a) 15 t Futter   b) f(x) = −0,5x + 30   c) 60 Tage

3 a) Die Zunahme der Strecke wächst in gleichen Zeitspannen um den gleichen Betrag (um 0,4).
b) Es handelt sich um eine nicht verschobene Parabel → ax^2
Der Koeffizient a kann mit den gegebenen Punkten ermittelt und überprüft werden.

4 a) Es handelt sich um eine quadratische Funktion, da die Zunahme des Bremsweges in gleichen Zeitspannen um den gleichen Betrag zunimmt (um 1); nicht verschobene Parabel → ax^2
mit gegebenen Punkten wird gezeigt: a = 0,005
b) Bremsweg: 50 m (98 m)

5 a) Bevölkerungszahl im Jahr 2020: 5,54 Mio
b) Nach 69,66 Jahren hat sich die Bevölkerungszahl verdoppelt.

6 y = 4,29 · $0,995^x$

Rechteck und Quadrat

Zu Seite 50

1 a) 3 200 mm   b) 7 dm   c) 700 cm
80 dm   5,5 cm   2 300 mm
45 cm   36 cm   875 cm

Lösungen

2 a) 300 dm² b) 0,04 m² c) 550 m²
5 dm² 780 cm² 6,4 a
4 m² 40 dm² 0,1 ha
0,38 dm² 6,5 cm² 200 000 m²
16 500 dm² 1 000 000 m² 8 m²

3 a) u = 64 cm b) u = 72 cm
A = 192 cm² A = 324 cm²

4 a) u = 84 cm b) u = 5,6 m c) u = 20,8 cm d) u = 1,78 m
A = 392 cm² A = 1,15 m² A = 26,88 cm² A = 0,156 m²

5 a) Grundstückspreis: 81 295,80 € b) Die Zaunlänge beträgt 120,3 m.

6 a) zugekaufte Fläche: A = 480 m² b) Breite x: 480 = 30 · x; x = 16 m

Parallelogramm, Dreieck und Trapez

Zu Seite 51

1 a) u = 21 cm b) u = 28,8 m c) u = 136 mm d) u = 62 m
A = 15,6 cm² A = 34,56 m² A = 816 mm² A = 100,5 m²

2

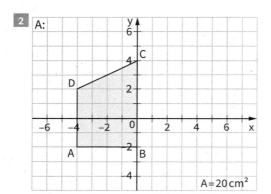
A: A = 20 cm²

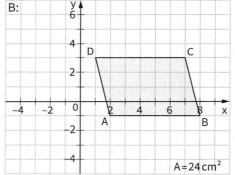
B: A = 24 cm²

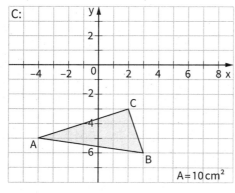
C: A = 10 cm²

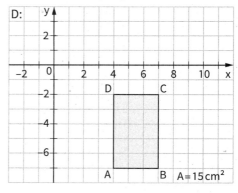
D: A = 15 cm²

3 unbebaute Fläche: 1 044 m² bebaute Fläche: 216 m²

Vielecke

Zu Seite 54

1 a) A = 55 000 cm² b) A = 320 m² c) A = 80,64 dm² d) A = 2 880 cm²

Lösungen

2 u = 374 m
A = 3 196 m²

3 A = 53,46 m² − 9,5 m² = 43,96 m²
Es werden 26,376 kg Farbe benötigt.

Kreis und Kreisteile

Zu Seite 53

1 a) u = 40,84 cm   b) u = 26,39 m   c) u = 1 445,13 m   d) u = 2,20 m
A = 132,73 cm²   A = 55,42 m²   A = 166 190,25 m²   A = 0,38 m²

2 A = 2,54 m²

3 a) Der Weg ist 3,896 m lang.
b) Jedes Rad macht ungefähr 4 103 Umdrehungen.

4 a) A = 804,25 cm²   b) A = 3 402,34 cm²   c) A = 1 206,37 cm²
d) A = 70,59 cm²   e) A = 1 028,39 cm²

Quader und Würfel

Zu Seite 54

1 a) 7 000 cm³   b) 500 dm³   c) 8 l
12 m³   1,2 m³   450 l
65 000 mm³   4,5 l   6,5 l

2 a) V = 100,8 m³   b) V = 2744 cm³
O = 136 m²   O = 1176 cm²

3 A ist möglich   B ist nicht möglich

4 a)   b) 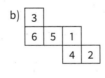   c)

5 Paula benötigt mindestens 76 cm Draht.

6 Es wurden 912 Liter Wasser eingefüllt.

7 a) V = 87,808 cm³   b) V = 60 480 cm³

Prisma

Zu Seite 55

1 a) V = 648 m³   b) V = 7 392 cm³

2 O = 1 709 cm²

Lösungen

3 a) 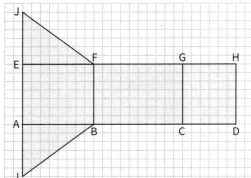   b) O = 216 m²

4 a) V = 359,424 m³
Antwort: Die Baukosten betragen ca. 107 827,20 €.
b) V = 810,81 m³
Antwort: Die Baukosten betragen ca. 243 243,00 €.

Zylinder

Zu Seite 56

1 a) V = 17 241,06 cm³   b) V = 146,57 m³
M = 2 463,01 cm²   M = 81,43 m²
O = 3 694,51 cm²   O = 162,86 m²

2 O = 148,66 cm²

3 a) V = 365,01 ml
Antwort: Die Dose fasst sogar ca. 5 ml mehr.

b) M = 224,62 cm²
Antwort: Es müssen 2246,2 m² Papier bedruckt werden.

4 a) m = 2 097,65 g   b) m = 306,72 g   c) m = 1 695,76 g   d) m = 3 528,64 g

Pyramide

Zu Seite 57

1 a) V = 49 152 m³   b) V = 2 560 m³

2 a) O = 336 cm²   b) O = 37,44 cm²

3 a) V = 11 200 cm³   b) V = 81,29 m³
O = 3 920 cm²   O = 130,64 m²

4 V = 31,05 cm³
O = 78,31 cm²

5 O = 268,92 m²
Antwort: Das Eindecken kostet ca. 3 990,77 €.

Lösungen

Kegel und Kugel

Zu Seite 58

1 a) V = 3 435,33 m³
M = 954,26 m²
O = 1 526,81 m²

b) V = 346 281,42 cm³
M = 24 276,34 cm²
O = 44 888,33 cm²

2 V = 127,23 cm³
M = 106,03 cm²
O = 169,65 cm²

3 M = 340 799,97 g

4 a) V = 57 905,84 cm³
O = 7 238,23 cm²

b) V = 0,23 dm³
O = 1,81 dm²

5 O = 4 325,97 cm²

Maßstäbliches Vergrößern und Verkleinern

Zu Seite 59

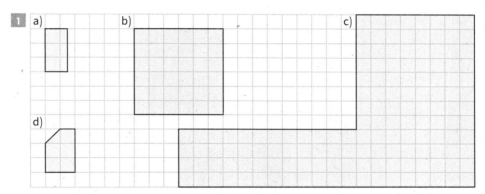

2 Antwort: Das Modell hat eine Länge von 231,28 mm.

3 A = 432 cm²

4 a) Maßstab 3 : 1   b) Maßstab 1 : 4

Satz des Pythagoras

Zu Seite 60

1 a) $b^2 = c^2 + a^2$ b) $s^2 = t^2 + r^2$ c) $x^2 = y^2 + z^2$ d) $l^2 = m^2 + n^2$
e) $w^2 = u^2 + v^2$

2 a) c = 43,5 m   b) b = 159 cm   c) a = 15 cm

3 a) b = 10,5 m   b) a = 48,6 cm   c) c = 160 cm

4 a) a = 26 m   b) b = 14,3 cm   c) a = 10 m   d) c = 19,2 cm

5 Sein Weg verkürzt sich um 27 m.

Lösungen

Urliste, Strichliste und Häufigkeitstabellen

Zu Seite 61

1

Alter	15	16	17	18
absolute Häufigkeit	5	10	4	1
relative Häufigkeit	0,25 = 25 %	0,5 = 50 %	0,2 = 20 %	0,05 = 5 %

2

Lieblingsfach	absolute Häufigkeit	relative Häufigkeit
Mathematik	9	0,18 = 18 %
Deutsch	4	0,08 = 8 %
Englisch	2	0,04 = 4 %
Technik	9	0,18 = 18 %
Naturwissenschaften	8	0,16 = 16 %
Hauswirtschaft	4	0,08 = 8 %
Sport	14	0,28 = 28 %
Summe	50	1 = 100 %

3

Anzahl der Personen im Haushalt	absolute Häufigkeit	relative Häufigkeit		
		Bruch	Dezimalzahl	Prozent
2	5	$\frac{1}{4}$	0,25	25 %
3	4	$\frac{1}{5}$	0,2	20 %
4	5	$\frac{1}{4}$	0,25	25 %
5	2	$\frac{1}{10}$	0,1	10 %
6	2	$\frac{1}{10}$	0,1	10 %
7	1	$\frac{1}{20}$	0,05	5 %
8	1	$\frac{1}{20}$	0,05	5 %
Summe	20	1	1	100 %

4

Augenzahl	absolute Häufigkeit	relative Häufigkeit
1	20	20 %
2	17	17 %
3	15	15 %
4	16	16 %
5	18	18 %
6	14	14 %
Summe	100	100 %

Diagramme

Zu Seite 62

1

Genre	absolute Häufigkeit	relative Häufigkeit
Castingshow	21	28 %
Soap	23	30,7 %
Krimi	8	10,7 %
Science-Fiction	13	17,3 %
Trickfilm	10	13,3 %
Summe	75	100 %

Lösungen

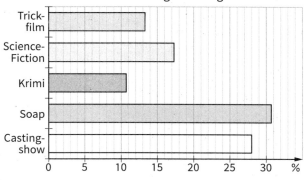

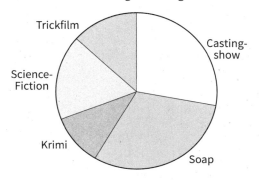

2

Note	1	2	3	4	5	6
absolute H.	1	6	6	10	2	0
relative H.	4 %	24 %	24 %	40 %	8 %	0 %

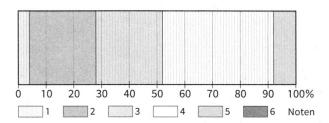

3 a) Wert in der Mitte: durchschnittliche Ausgaben pro Haushalt pro Monat
b) monatliche Ausgaben für Nahrungsmittel: 196,38 €

Zu Seite 63

4 a) 10 Schülerinnen   b) 9 Schülerinnen   c) zwischen 2 und 3 Stunden

5 a) 13,2 s (16,9 s)   b) Es wurden zweimal 14,6 s gelaufen.   c) 2 Schülerinnen

6 Informationen aus dem Diagramm:
- Jungen lieben deutlich mehr Computerspiele als Mädchen.
- Im Alter von 12 bis 13 sind Computerspiele am beliebtesten.
- Je älter die Jugendlichen sind, desto weniger begeistern sie sich für Computerspiele.
- Hauptschüler spielen am meisten am Computer, während Gymnasiasten am wenigsten spielen.

Lösungen

Mittelwerte und Spannweite

Zu Seite 64

1
a) $\bar{x} = 13{,}86$ s $\qquad \tilde{x} = 13$ s
b) $\bar{x} = 3{,}62$ cm $\qquad \tilde{x} = 4$ cm
c) $\bar{x} = 106$ € $\qquad \tilde{x} = 119$ €

2
a) $\bar{x} = 46{,}55$ min $\qquad \tilde{x} = 45$ min
b) Die durchschnittliche Zeit wird besser durch den Median gekennzeichnet, da 78 Minuten eine Ausnahme bildet.

3
a) 25
b) $\bar{x} = 1{,}14$ h $\qquad \tilde{x} = 1$ h
c) Min.: 0 h $\qquad$ Max.: 4 h $\qquad$ Spannweite: 4 h

4 $\bar{x} = 1{,}87 \qquad \tilde{x} = 1$

Statistische Darstellungen lesen und beurteilen

Zu Seite 65

1

Kids
Linke Abb.: Die Häufigkeiten entsprechen den Höhen der Quadrate und nicht deren Flächen. So ist die Fläche des Quadrats von 50 % mehr als doppelt so groß wie die Fläche des Quadrats bei 30 %.
Rechte Abb.: Hier handelt es sich um eine bessere Darstellung der Häufigkeiten.

Flaschen
Die Häufigkeiten werden auch hier mit den Höhen der Flaschen dargestellt, obwohl die Flächen der Flaschen auf den Betrachter wirken.

Computerspiele
Bei diesem Diagramm wurden die Sockelbeträge weggelassen, wodurch kleine Abstände viel größer wirken als sie tatsächlich sind.

Bookface
Auch in diesem Fall ist der Anfangswert der y-Achse nicht null, wodurch der Zuwachs pro Jahr viel größer erscheint.

Handybesitz
Da die Figuren hintereinander angeordnet sind, entsteht ein räumlicher Eindruck. Fälschlicherweise glaubt man dadurch, dass die hintere Figur so groß ist wie die vordere.

Zufallsexperimente

Zu Seite 66

1 $P(19) = \frac{1}{49}$

2 a) $P(\text{Gewinn}) = \frac{3}{4} = 75\,\%$ $\qquad$ b) $P(\text{Gewinn}) = \frac{2}{5} = 40\,\%$ $\qquad$ c) $P(\text{Gewinn}) = \frac{4}{6} = 66\frac{2}{3}\,\%$

3 $P(2) = \frac{3}{10} = 30\,\%$

4 $P(\text{Fahrrad}) = \frac{12}{25} = 0{,}48 = 48\,\%$

Lösungen

5 $P(\text{Niete}) = \frac{120}{200} = 0{,}6 = 60\%$

$P(\text{Gewinn}) = \frac{80}{200} = 0{,}4 = 40\%$

$P(\text{Hauptgewinn}) = \frac{1}{200} = 0{,}005 = 5\%$

6 a) $P(G) = \frac{2}{6}$ $P(R) = \frac{1}{6}$ $P(B) = \frac{3}{6}$

b) $P(M) = \frac{13}{30}$ $P(J) = \frac{17}{30}$

7 42 Kugeln sind weiß.

8 $P = \frac{585}{1\,000} = 58{,}5\%$

Ereignisse bei Zufallsexperimenten

Zu Seite 67

1 $E_1 = \{2,4,6,8\}$ $E_2 = \{7\}$ $E_3 = S = \{1,2,3,4,5,6,7,8\}$
$E_4 = \{2,3,5,7\}$

2 $P(E_1) = \frac{5}{6}$ $P(E_2) = \frac{2}{6} = \frac{1}{3}$

3 $P(E_1) = \frac{1}{2}$ $P(E_2) = \frac{3}{10}$ $P(E_3) = 0$ $P(E_4) = \frac{3}{10}$

4 $P(E_1) = \frac{46}{200} = 23\%$ $P(E_2) = \frac{20}{200} = 10\%$ $P(E_3) = \frac{46}{200} = 23\%$

5 $P(E_1) = \frac{16}{32} = \frac{1}{2}$ $P(E_2) = \frac{3}{8}$

Taschenrechner

Zu Seite 80

4 a) 2,5 b) 5 c) 0,08

5 a) 3,4 b) 2,81 c) 30 d) 20
e) 31 f) 0,23 g) 13 h) 0,2

6 a)

x	−3	−2	−1	0	1	2	3
f(x)	−9	−6	−3	0	3	6	9

b)

x	−1,5	−1	−0,5	0	0,5	1	1,5
f(x)	6	5	4	3	2	1	0

c)

x	−6	−4	−2	0	2	4	6
f(x)	18	8	2	0	2	8	18

d)

x	−9	−6	−3	0	3	6	9
f(x)	−162	−72	−18	0	−18	−72	−162

Lösungen

Tabellenkalkulation

Zu Seite 81

1 Zelle B4: =SUMME(B2:B3)
Zelle B5: =B2-B3
Zelle B6: =B2*B3
Zelle B7: =B2/B3

2 a) =SUMME(B2:B5) oder =B2+B3+B4+B5
b) =B6/5

3 a) =B3*C3
b) =SUMME(D3:D6)
c) =D7/15 (Anzahl der Schüler: 15)

Zu Seite 82

4 a) =B2^2
b) =(B1+B2)/B3
c) 1,25
d) =B3/(B1+B2)

5 a) Der Vertag mit Handy ist günstiger.
b) Handykosten bei dem Vertrag mit Handy: 1 €
Handykosten bei dem Vertrag ohne Handy: 389 €
c) monatliche Vertragskosten bei dem Vertrag mit Handy: 24,99 €
monatliche Vertragskosten bei dem Vertrag ohne Handy: 9,99 €
d) =B3+B4*24-B5+B6
e) =C7/24
f) Wenn die Verträge nicht rechtzeitig gekündigt werden, werden sie automatisch verlängert.

Zu Seite 83

6 =MITTELWERT(B2:B4); Ergebnis: 16

7 a) =MITTELWERT(B3:B6)
b) Hasan bekommt 0,95 € zurück.
c) =B7-B6

8 =MEDIAN(B2:B7)

Zu Seite 84

9 a) =A2*B2/100   b) 118

10 a) =A2*B2/100   b) =A2-C2

11 a) =C2/B2*100; (=C3/B3*100)   b) =C4/D4*100

12 a) 6,22 €   b) Alle drei Formeln führen zum richtigen Ergebnis.

Prüfungsteil 1, Beispiel 1

Zu Seite 86/87

1 a) 171 : 16 = 10,6875; 11 Kabinen werden benötigt

2 A = 64,27 cm²

3 a) 12 km   b) 10 min

Lösungen

4 a) 7 Schülerinnen und Schüler b) 4 Schülerinnen und Schüler
c) 26 Schülerinnen und Schüler

5 P(Gewinn) = $\frac{20}{200}$ = 0,1 = 10 %

6 Das Bein der Turnerin ist im Bild 2 cm lang, in der Wirklichkeit ungefähr 1 m.
Das Band ist im Bild ca. 12 cm lang, in der Wirklichkeit also etwa 6 m.

Prüfungsteil 1, Beispiel 2

Zu Seite 88/89

1 −1 < −0,5 < 0,5 < 1,5 < 2

2 a) P(schwarze Kugel) = $\frac{2}{5}$ = 0,4 = 40 %

b) Anteil der weißen Kugeln: $\frac{3}{5}$; 0,6

3 a) 180 €   b) 40 h

4 a) Lieblingssportart Schwimmen: 30 Jugendliche
b) 58 % der Jugendlichen haben Fußball oder Basketball angegeben.
Mehr als die Hälfte des Kreisdiagramms ist von den Anteilen Fußball und Basketball belegt.

5 $\bar{x}$ = 4,02 m

6 Die Höhe eines Elefanten beträgt ca. 3 m, da er im Bild etwa dreimal so groß wie das Mädchen mit ungefähr 1 m Körpergröße ist.

Prüfungsteil 1, Beispiel 3

Zu Seite 90/91

1 a) 89 € · 0,7 = 62,30 €;   159 € · 0,7 = 111,30 €
b) 2 · 111,30 € + 62,30 € = 284,90 €
Nein, das Geld reicht nicht.

2 „Jede achte Schülerin" und „12,5 %"

3 Der Behälter enthält 71,858 l.

4 a) Benjamin: 4,73 m   b) 4,31 m   c) =MITTELWERT(D2:D6)

5 a) P(gelber Fisch) = $\frac{2}{40}$ = 0,05 = 5 %

b) P(Stiefel) = $\frac{10}{40}$ = 0,25 = 25 %

c) P(kein blauer Fisch) = $\frac{24}{40}$ = 0,6 = 60 %

d) P(roter Fisch) = $\frac{9}{35}$ ≈ 0,257 ≈ 25,7 %

Prüfungsteil 1, Beispiel 4

Zu Seite 92/93

1 a) 28 cm² : 7 cm = 4 cm;   das Rechteck ist 4 cm breit

Lösungen

b)
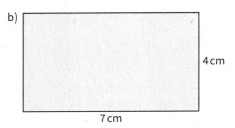

2 2,5 Stunden

3 a) proportionale Zuordnung; Der Kunde muss 231 € bezahlen.
b) antiproportionale Zuordnung; Man erhält 40 Stücke.

4 $0{,}75$, $\frac{75}{100}$ und $\frac{3}{4}$

5 $\frac{50 \cdot 100}{250} = 20$ Es sind 20 %.

6 Geschätzte Höhe der Sitzbank: 0,50 m.
Größenverhältnis auf dem Papier: 1,5 mm : 54 mm
Der mittlere Kegel ist ca. 18 m hoch.
Tatsächliche Höhe: 16 m, 20 m und 25 m

Prüfungsteil 1, Beispiel 5

Zu Seite 94/95

1 a) Leon muss am Freitag 520 Teile bearbeiten.
b) Er verdient pro Teil 11,2 Cent.

2 Der Verschnitt beträgt jeweils 1,72 dm².

3 a) $\alpha = 110°$ b) $A = 18\ cm^2$

4 Die Aussage stimmt, der Anteil liegt bei 9 %.

5 a) Der Strompreis ist pro Kilowattstunde um 5,73 Cent gestiegen.
b) Die Steigerung beträgt 24,2 %.

Prüfungsteil 1, Beispiel 6

Zu Seite 96/97

1 a) 45 Tablet-Rechner sind weiß.

2 a) Für Pkw 2 waren die Unterhaltungskosten niedriger. (Pkw 2: 2 312 €; Pkw 1: 3 112 €)
b) Bei Pkw 1 sind die Kraftstoffkosten höher. (Pkw 1: 11,2 $\frac{Cent}{km}$; Pkw 2: 8,1 $\frac{Cent}{km}$)

3 a) $V = \frac{1}{3} \cdot G \cdot h$; $G = a^2 = (6{,}05\ m)^2 = 36{,}6025\ m^2$

$V = \frac{1}{3} \cdot 36{,}6025\ m^2 \cdot 6{,}8\ m = 82{,}966\ m^3$

b) Die Masse wäre 215,7 t groß.

4 $O = 6 \cdot a^2$; 96 cm² = 6a²; a² = 16 cm²; a = 4 cm
$V = a^3 = (4\ cm)^3 = 64\ cm^3$

26

Lösungen

5 Es sind 100 Fahrten notwendig.

6 a) $-14{,}6 < 12{,}06 < 12{,}5 < 13{,}2 < 121$

b) $-\frac{2}{3} < \frac{1}{2} < \frac{3}{4} < \frac{7}{8}$

Prüfungsteil 1, Beispiel 7

Zu Seite 98/99

1 a) 30 cm = 300 mm
60 m = 6 000 cm
4,5 m = 450 cm
0,035 km = 35 m

2 $x = 0{,}6$

3 Frau Meier bekommt 1 000 €, Frau Müller 2 000 € und Frau Schmidt 1 100 €.

4 a) $V = G \cdot h = \pi \cdot (1{,}2\ dm)^2 \cdot 5\ dm;\ V \approx 22{,}6\ dm^3$ (l)
b) Es sind ungefähr 4,5 l in dem Gefäß.

5 a) $P(\text{blaue Kugel}) = \frac{5}{10} = 0{,}5 = 50\,\%$

b) $P(\text{keine rote Kugel}) = \frac{7}{10} = 0{,}7 = 70\,\%$

6 Geschätzte Größe der Person: 1,60 m.
Größenverhältnis auf dem Papier: 3,4 cm : 7,8 cm
Die Säule ist ungefähr 3,70 m hoch.

Prüfungsteil 1, Beispiel 8

Zu Seite 100/101

1 a)

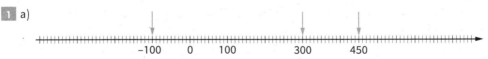

b) Michelle: 300 €;   Emre: 550 €

2 a) $0{,}41 < 0{,}411$ b) $\sqrt{24} < \sqrt{25}$ c) $\frac{4}{6} > \frac{4}{7}$

3 a) 10 Kugeln   b) 3 Kugeln

4 a) $V = \frac{1}{3} \cdot G \cdot h = \frac{1}{3} \cdot \pi \cdot (9\ cm)^2 \cdot 12{,}5\ cm;\ V \approx 1\,060{,}29\ cm^3$

b) Die Masse beträgt 848,232 g.

5 Länge der Hand auf dem Foto: 6,5 cm; geschätzte Länge in Wirklichkeit: 16 cm
Länge des Autos auf dem Foto: 4,5 cm; geschätzte Länge in Wirklichkeit: 11 cm

Lösungen

Prüfungsteil 1, Beispiel 9

Zu Seite 102/103

1 a) x = 7
b) $\quad 9x = 4x - 15 \quad | -4x$
$\quad 9x - 4x = 4x - 4x - 15$
$\quad 5x = -15 \quad | :5$
$\quad x = -3$

2 a) O = 90,72 m²
b) $(h_k)^2 = (h_s)^2 - (\frac{1}{2}a)^2 = (5,3\ m)^2 - (2,8\ m)^2 = 20,25\ m^2$; $h_k = 4,5\ m$

3 a) $-3 < -2,8 < 0,28 < 2$
b)

$\frac{2}{4}\quad \frac{6}{8}\qquad\qquad \frac{3}{2}$

0 — — — * — — * — — — — 1 — — — * — — — — 2

4 a) 5 Kugeln b) 9 Kugeln

5 Die Steckdosenleiste mit Schalter hat ungefähr eine Länge von 25 cm. Anhand der Aufwicklung des Kabels erkennt man, dass die Kabellänge etwa 6-mal so lang ist wie die Leiste. Das Kabel ist also gerundet 1,50 m lang.

Prüfungsteil 1, Beispiel 10

Zu Seite 104/105

1

2 a) 8 b) 7 c) 17

3 a) $c^2 = b^2 - a^2$; $c^2 = (8,9\ cm)^2 - (3,9\ cm)^2 = 64\ cm^2$; c = 8 cm
b) A = 15,6 cm²

4 x = 3

5 a) Zelle D5: 7,80; Zelle C6: 24
b) =B3+C3; nicht geeignet
=B3*C3; geeignet
=B3/C3; nicht geeignet

6

Funktions-gleichung	Graph
y = –2x	f
y = 0,5x	h
y = x + 3	g

Prüfungsteil 2, Aufgaben mit Hilfen, Beispiel 1 – Frankfurter Flughafen

Zu Seite 114

a) von oben nach unten: wahr; wahr; falsch; falsch; wahr

b) Das maximale Abfluggewicht des A 320-100 beträgt 70 909 kg.

Lösungen

c) In drei Stunden werden 8 100 l Kerosin verbraucht.

d) Ein Fuß hat eine Länge von rund 30,5 cm.

e) Die Reisegeschwindigkeit entspricht rund 522 Meilen pro Stunde.

Prüfungsteil 2, Aufgaben mit Hilfen, Beispiel 2 – Freizeitbad

Zu Seite 116

a) Schaubild C, da die Kosten in den Zeitabschnitten konstant sind.

b) 2 · 9,60 € + 2 · 7,00 € = 33,20 €;   33,20 € – 29,20 € = 4 €
Familie Dengel spart 4 €.

c) Mindestens 9-mal muss Leni das Sport- und Freizeitbad besuchen. Bei 8 Besuchen würde sie regulär 56 € und bei 9 Besuchen regulär 63 € bezahlen.

d) 76 000 · 4,40 € + 76 000 · 3,30 € = 586 740 €

e) 152 400 Badegäste : 12 = 12 700 Badegäste

f) 152 400 Badegäste · 1,07 = 163 068 Badegäste

g) 40 Bahnen

h) 2 010 Sekunden : 40 = 50,25 Sekunden

Prüfungsteil 2, Aufgaben mit Hilfen, Beispiel 3 – Süßwaren

Zu Seite 118

a) Länge: 6 cm;   Breite: 6 cm;   Höhe: 9 cm

b) $V = 6\,cm \cdot 6\,cm \cdot 9\,cm = 324\,cm^3$

c) $O = 2 \cdot 6\,cm \cdot 6\,cm + 4 \cdot 6\,cm \cdot 9\,cm = 288\,cm^2$

d) $10\,000 \cdot (288\,cm^2 \cdot 1,1) = 3\,168\,000\,cm^2 = 316,8\,m^2$

e) $V_{Quader} = 324\,cm^3$; $V_{Pyramide} = \frac{1}{3} \cdot 6\,cm \cdot 6\,cm \cdot 9\,cm = 108\,cm^3$

Das Volumen einer quaderförmigen Verpackung ist dreimal so groß wie das einer pyramidenförmigen Verpackung.

Prüfungsteil 2, Aufgaben mit Hilfen, Beispiel 4 – Kiosk

Zu Seite 120

a) 800 € : 250 = 3,20 €

b) 800 € · 31 = 24 800 €

c) Zelle C6: 14

d) =B10-B7

Lösungen

e) =B2/B7*100: geeignet
=B2/B10*100: nicht geeignet
=B2/SUMME(B2:B6)*100: geeignet

f) 12 %

g) 323 €

h) 42 Stunden

Prüfungsteil 2, Aufgaben mit Hilfen, Beispiel 5 – Temperaturen

Zu Seite 122

a) Juli: 13,3 °C;   Dezember: −1,4 °C

b) größter Temperaturunterschied: Mai;   kleinster Temperaturunterschied: Dezember

c) (2,5 + 4,2 + 9,7 + 13,8 + 18,3 + 21,2 + 22,9 + 21,8 + 18,8 + 13,1 + 6,8 + 3,1) : 12 = 13,02
$\bar{x} = 13{,}02$ °C

d) von oben nach unten: wahr;   falsch;   falsch;   wahr

e) 77 °F → 25 °C;   20 °C → 68 °F

f)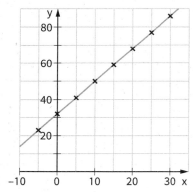

g) 12 °C entsprechen 53,6 °F;   87,8 °F entsprechen 31 °C

Prüfungsteil 2, Aufgaben mit Hilfen, Beispiel 6 – Dachraum

Zu Seite 124

a) Die Dachfläche setzt sich aus 4 gleich großen Dreiecken zusammen.

b) $A = 4 \cdot \frac{12\,\text{m} \cdot 10\,\text{m}}{2} = 240\,\text{m}^2$

c) Es müssen mindestens 3 360 Dachziegel gekauft werden.

d) 3 360 · 1,05 = 3 528
Es werden 3 528 Dachziegel angeliefert.

e) $(h_k)^2 = (h_s)^2 - (\tfrac{1}{2}a)^2 = (10\,\text{m})^2 - (6\,\text{m})^2 = 64\,\text{m}^2$; $h_k = 8\,\text{m}$

Lösungen

f) $V = \frac{1}{3} \cdot (12\text{ m})^2 \cdot 8\text{ m} = 384\text{ m}^3$; $30\,720 : 384 = 80$

1 m³ umbauter Raum kostet 80 €.

Prüfungsteil 2, Aufgaben ohne Hilfen, Beispiel 1 – Schwimmbecken

Zu Seite 126

a) $V = 12\text{ m} \cdot 25\text{ m} \cdot 1{,}80\text{ m} = 540\text{ m}^3$

b) $540\text{ m}^3 = 540\,000\text{ dm}^3 = 540\,000\text{ l}$; $540\,000 : 300 = 1\,800$; $1\,800 : 60 = 30$
Es werden 30 Stunden benötigt.

c) $A_{Trapez} = \frac{9\text{ m} + 18\text{ m}}{2} \cdot 18\text{ m} = 243\text{ m}^2$; $A_{Halbkreis} = \frac{1}{2} \cdot \pi \cdot (9\text{ m})^2 = 127{,}23\text{ m}^2$;

$A_{Mehrzweckbecken} = 243\text{ m}^2 + 127{,}23\text{ m}^2 = 370{,}23\text{ m}^2$; $V = 370{,}23\text{ m}^2 \cdot 0{,}8\text{ m} = 296{,}2\text{ m}^3$
Das Volumen beträgt ungefähr 296 m³.

d) $V_{Sportbecken} = 540\text{ m}^3$; $540 : 10 = 54$; $54 \cdot 40 = 2\,160$
$V_{Mehrzweckbecken} = 296\text{ m}^3$; $296 : 10 = 29{,}6$; $29{,}6 \cdot 40 = 1\,184$
Dem Sportbecken werden 2 160 kg Salz und dem Mehrzweckbecken 1 184 kg Salz zugeführt.
Insgesamt werden den beiden Becken 3 344 kg Salz zugeführt.

e) siehe c)
Der Flächeninhalt der Plane beträgt 370,23 m².

Prüfungsteil 2, Aufgaben ohne Hilfen, Beispiel 2 – Temperaturen in Europa

Zu Seite 127

a) 3 °C

b) $6 - (-11) = 17$
Der Temperaturunterschied beträgt 17 °C.

c) $16 - 39 = -23$
Die Außentemperatur ist auf –23 °C gesunken.

d) $39 : 6 = 6{,}5$
Die Außentemperatur ist pro 1 000 m um 6,5 °C gesunken.

e) Zelle F3: 0,85

f) =MITTELWERT(B4:E4) oder =(B4+C4+D4+E4)/4

g) Die Summe der Temperaturen muss $4 \cdot 1{,}8\text{ °C} = 7{,}2\text{ °C}$ betragen. Drei Werte kann man frei wählen und den vierten berechnen.
Beispiel: Wähle –2,1 °C, –0,5 °C und 3,5 °C, Summe: 0,9 °C, letzter Wert: 7,2 °C – 0,9 °C = 6,3 °C
Wähle den niedrigsten Wert für 1 Uhr, den höchsten für 13 Uhr.
1 Uhr → –2,1 °C;   7 Uhr → –0,5 °C;   13 Uhr → 6,3 °C;   19 Uhr → 3,5 °C

Lösungen

Prüfungsteil 2, Aufgaben ohne Hilfen, Beispiel 3 – Grundriss Schule

Zu Seite 128

a) Der Maßstab 1 : 1 000 lässt sich zum Beispiel anhand der angegebenen Längen überprüfen.
Hauptgebäude:
Gemessene Länge im Grundriss: 6 cm
Länge in der Wirklichkeit: 6 cm · 1 000 = 6 000 cm = 60 m
Neubau:
Gemessene Länge im Grundriss: 5 cm
Länge in der Wirklichkeit: 5 cm · 1 000 = 5 000 cm = 50 m

b) Gemessene Länge im Grundriss: 5 cm
Länge in der Wirklichkeit: 5 cm · 1 000 = 5 000 cm = 50 m
Die tatsächliche Länge l beträgt 50 m.
Insgesamt legt die Schulleiterin an einem Schultag 8 · 50 m = 400 m zurück.

c) 1 150 Schülerinnen und Schüler wurden befragt.

d)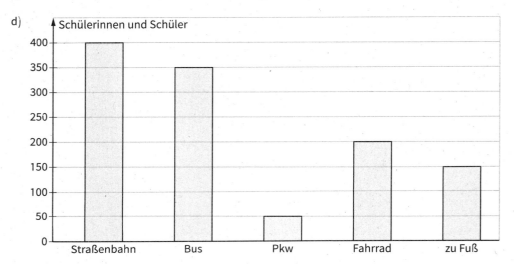

e) Man berechnet für ein Fahrrad eine Fläche von 2 m · 0,80 m.
30 m : 0,8 m = 37,5
Auf einer Fläche von 2 m · 30 m können 37 Fahrräder abgestellt werden.
Da diese Fläche viermal vorhanden ist, können auf dem Abstellplatz insgesamt 148 Fahrräder abgestellt werden.

f) Das Flächenstück hat ungefähr die Form eines rechtwinkligen Dreiecks.

$A = \frac{g \cdot h}{2}$; g = 60 m; h = 4 cm · 1 000 = 4 000 cm = 40 m

$A = \frac{60 \cdot 40}{2} = 1\,200$

Der Flächeninhalt beträgt ungefähr 1 200 m².

Prüfungsteil 2, Aufgaben ohne Hilfen, Beispiel 4 – Testfahrt

Zu Seite 129

a) 40 min

b) Zwischen 80 min und 100 min ist die gefahrene Strecke nicht größer geworden, das bedeutet, dass das Auto nach 30 km Testfahrt 20 Minuten gestanden hat.

c) Ja, er hat recht. Die Gerade steigt nach der Einstellung stärker an als vor der Einstellung. Vor der Einstellung fuhr das Auto 22,5 $\frac{km}{h}$, nach der Einstellung 30 $\frac{km}{h}$ schnell.

d)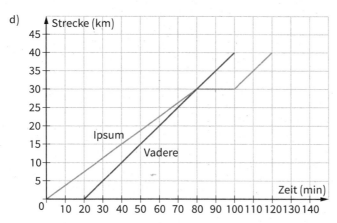

e) Nach einer Stunde hat das Auto 30 Kilometer zurückgelegt, die Geschwindigkeit beträgt 30 $\frac{km}{h}$.

f) Nach 30 Kilometern treffen sich beide Autos, Ipsum bleibt 20 Minuten stehen, Vadere fährt weiter und überholt dadurch Ipsum.

Prüfungsteil 2, Aufgaben ohne Hilfen, Beispiel 5 – Smartphone

Zu Seite 130

a) Rebecca zahlt insgesamt 800 € ein.

b) $\frac{2,50 \cdot 100}{200} = 1,25$ → Der Zinssatz beträgt 1,25 %

c) =D7+C3

d) =B8*C4/100

e) Bis dahin sind ihr insgesamt Kosten in Höhe von 4,99 € · 24 = 119,76 € entstanden. Nun kommen noch 50 € Selbstbeteiligung hinzu.

f) x = Kaufpreis des Smartphones;   y = Anzahl der Monate

Prüfungsteil 2, Aufgaben ohne Hilfen, Beispiel 6 - Ferienhaus

Zu Seite 131

a) Die gegenüberliegenden Seiten sind jeweils 588 cm voneinander entfernt.

b) $A_{Trapez} = \frac{6,8\,m + 3,4\,m}{2} \cdot 2,94\,m \approx 15\,m^2$; $A_{Sechseck} = 2 \cdot 14,99\,m^2 \approx 30\,m^2$

Der Flächeninhalt beträgt ungefähr 30 m².

c) $(2,94\,m)^2 + (1,74\,m)^2 = 11,6712\,m^2 = a^2$; $a \approx 3,40\,m$
Die Seite a hat eine Länge von ungefähr 3,40 m.

Lösungen

d) $A_{Bad} = \frac{3{,}4\text{ m} \cdot 2{,}94\text{ m}}{2} \approx 5\text{ m}^2$; $A_{Schlafzimmer} = 2 \cdot 5\text{ m}^2 \approx 10\text{ m}^2$ (Das Schlafzimmer ist doppelt so groß wie das Bad.)
Das Schlafzimmer und das Bad ergeben eine trapezförmige Fläche, die in 3 gleichgroße, gleichseitige Dreiecke geteilt werden kann. Ein Dreieck entspricht dem Bad.
2 Dreiecke entsprechen dem Schlafzimmer. Somit ist das Schlafzimmer doppelt so groß wie das Bad.

e) $A = 30\text{ m}^2$; $30\text{ m}^2 \cdot 1{,}12 = 33{,}6\text{ m}^2$; $33{,}6\text{ m}^2 : 1{,}4\text{ m}^2 = 24$
Es müssen 24 Pakete bestellt werden.

Prüfungsteil 2, Aufgaben ohne Hilfen, Beispiel 7 – Kerzenherstellung

Zu Seite 132

a) Gießform I ist ein Zylinder und Gießform II ein Kegel.

b) $V = \pi \cdot (3\text{ cm})^2 \cdot 18\text{ cm} = 508{,}938\text{ cm}^3$; $508{,}938\text{ cm}^3 \cdot 0{,}95\,\frac{g}{cm^3} = 483{,}491\text{ g}$
Man benötigt ungefähr 484 g Bienenwachs.

c) Da beide Gießformen die gleiche Grundfläche und Höhe haben, wird gegenüber dem Zylinder bei dem Kegel nur ein Drittel des Wachses benötigt.
$V_{Zylinder} = G \cdot h$; $V_{Kegel} = \frac{1}{3} \cdot G \cdot h$;
$= \frac{1}{3} V_{Zylinder}$

d) $2\,105\text{ cm}^3 : 5 = 421\text{ cm}^3$; $421\text{ cm}^3 = \pi \cdot (3\text{ cm})^2 \cdot h = 28{,}27\text{ cm}^2 \cdot h$;
$h = 421\text{ cm}^3 : 28{,}27\text{ cm}^2 = 14{,}9\text{ cm}$
Die Gießform I wird bei jedem Gießvorgang 14,9 cm hoch gefüllt.

e) $y = -1{,}5x + 15$

Brenndauer (h)	Höhe (cm)
0	15
1	13,5
2	12
5	7,5
10	0

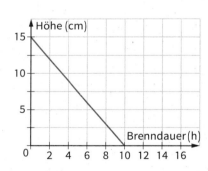

f) Nach 10 Stunden ist die Kerze vollständig abgebrannt.

Prüfungsteil 2, Aufgaben ohne Hilfen, Beispiel 8 – Haustür

Zu Seite 133

a) 1 Quadrat und 2 Trapeze

b) Diagonale des Quadrats mit der Seite a: 60 cm; $c^2 = 2a^2$; $2a^2 = 3\,600\text{ cm}^2$; $a^2 = 1\,800\text{ cm}^2$

$A_{Quadrat} = 1\,800\text{ cm}^2$; $A_{Trapez} = \frac{110\text{ cm} + 80\text{ cm}}{2} \cdot 25\text{ cm} = 95\text{ cm} \cdot 25\text{ cm} = 2\,375\text{ cm}^2$

Alle Glasflächen ergeben zusammen $1\,800\text{ cm}^2 + 2 \cdot 2\,375\text{ cm}^2 = 6\,550\text{ cm}^2$

Lösungen

c) $A_{Tür} = 200\text{ cm} \cdot 100\text{ cm} = 20\,000\text{ cm}^2$; $A_{Glasflächen} = 6\,550\text{ cm}^2$

Anteil der Glasflächen: $\frac{6\,550 \cdot 100}{20\,000} = 32{,}75$

Die Fläche der Fenster machen nur ungefähr 33 % der Türfläche aus.

d) $91 \cdot 0{,}655 = 59{,}605$; $59{,}605 \cdot 1{,}44 = 85{,}83$
Die Glaseinsätze kosten 85,83 €.

e) Der obere Glaseinsatz ist das Quadrat mit der Seitenlänge a = 42,43 cm
$42{,}43\text{ cm} \cdot 4 = 169{,}72$;   Die Gesamtlänge der Leisten beträgt ungefähr 170 cm.

Prüfungsteil 2, Aufgaben ohne Hilfen, Beispiel 9 – Planeten

Zu Seite 134

a) Merkur ist der Sonne am nächsten.

b) Venus kommt der Erde am nächsten. $150 \cdot 10^6\text{ km} - 108 \cdot 10^6\text{ km} = 42 \cdot 10^6\text{ km}$

c) von oben nach unten: richtig; falsch; richtig; falsch

d) $4\,509 \cdot 10^6\text{ km} - 150 \cdot 10^6\text{ km} = 4\,359 \cdot 10^6\text{ km} = 4{,}359 \cdot 10^9\text{ km}$
Die kürzeste Entfernung beträgt über 4 Milliarden Kilometer.

e) Die Masse des Mars beträgt $6{,}42 \cdot 10^{23}$ kg

f) Der zugehörige Winkel ist 75,6° groß.

Prüfungsteil 2, Aufgaben ohne Hilfen, Beispiel 10 – Bahnreise

Zu Seite 135

a) Die Reise dauert insgesamt 3 Stunden. Sie legt 200 km zurück.
Sie hält sich 30 Minuten in C-Stadt auf.

b) Auf der Strecke von C-Stadt nach D-Stadt fährt sie mit der höchsten Durchschnittsgeschwindigkeit.
Geschwindigkeit: $160\ \frac{\text{km}}{\text{h}}$

c) $80\ \frac{\text{km}}{\text{h}}$

d) Im Jahr 2016 reisten 2,2 Millionen Passagiere.

e) Die Fahrt dauert 25 Minuten.

f) Sie muss um 11:34 Uhr abfahren.

Lösungen

Prüfungsteil 2, Aufgaben ohne Hilfen, Beispiel 11 – Ausbildung

Zu Seite 136

a) $(760 + 850 + 970) : 3 = 860$

b) $=12*(C4+D4+E4)/B4$ oder $=(C4+D4+E4)/3$

c) $(12 \cdot (860 + 950 + 1\,020) + 6 \cdot 1\,150) : 42 = 972,86$
$=(12*(C5+D5+E5)+6*F5)/B5$
Die durchschnittliche Vergütung liegt bei 972,86 €.

d) Die Aussage ist falsch. Der Verdienst beträgt im ersten Ausbildungsjahr 700 €, im zweiten Ausbildungsjahr 1 100 €. Die zweite Säule ist zwar in der Grafik doppelt so hoch wie die erste, aber das liegt daran, dass die y-Achse nicht bei 0 €, sondern bei 300 € beginnt.

e) Krankenversicherung: 51,10 €;   Pflegeversicherung: 7,18 €

f) Rentenversicherung: 9,35 %;   Arbeitslosenversicherung: 1,5 %

g) 19,2 %

Prüfungsteil 2, Aufgaben ohne Hilfen, Beispiel 12 – Marathon

Zu Seite 137

a) $u_{\text{innerer Kreis}} = 73 \text{ m} \cdot \pi = 229,34 \text{ m}$
$229,34 \text{ m} + 2 \cdot 85,4 \text{ m} = 400,14 \text{ m} \approx 400 \text{ m}$

b) $\frac{460 \cdot 100}{400} = 115$

Der äußere Rand ist 15 % länger.

c) 400 m in 133,52 s → $\frac{400 \text{ m}}{133,52 \text{ s}} = 3 \frac{\text{m}}{\text{s}}$

d) Er muss 105,5 Runden laufen und benötigt dafür 234 Minuten und 46,4 Sekunden.

e) von oben nach unten: falsch;   richtig;   richtig
Er benötigt ungefähr 153,5 Sekunden, also 20 Sekunden länger als bei der inneren Runde.

Beilage zum Arbeitsheft Mathematik Zentrale Prüfung 10 Hauptschulabschluss

© 2018 Bildungshaus Schulbuchverlage
Westermann Schroedel Diesterweg Schöningh Winklers GmbH, Braunschweig
www.westermann.de

Zeichnungen: Technische Grafik Westermann (Hannelore Wohlt), Braunschweig
Satz: SAZ-Zeichen, Algermissen
Druck und Bindung: Westermann Druck GmbH, Braunschweig

ISBN 978-3-14-**123601**-9